自然探秘系列

可怕的科学
HORRIBLE SCIENCE

绝顶探险
FREAKY PEAKS

［英］阿尼塔·加纳利／原著　［英］迈克·菲利普斯／绘　王大锐／译

北京出版集团
北京少年儿童出版社

著作权合同登记号

图字:01-2009-4234

Text copyright © Anita Ganeri，2002

Illustrations copyright © Mike phillips，2002

Cover illustration © Mike Phillips，2009

Cover illustration reproduced by permission of Scholastic Ltd.

图书在版编目(CIP)数据

绝顶探险 /（英）加纳利（Ganeri，A.）原著；（英）菲利普斯（Phillips，M.）绘；王大锐译 . —2 版 . —北京：北京少年儿童出版社，2010.1

（可怕的科学·自然探秘系列）

ISBN 978-7-5301-2352-2

Ⅰ.①绝… Ⅱ.①加… ②菲… ③王… Ⅲ.①山—探险—世界—少年读物 Ⅳ.①P941.76-49

中国版本图书馆 CIP 数据核字（2009）第 181505 号

可怕的科学·自然探秘系列

绝顶探险

JUEDING TANXIAN

[英] 阿尼塔·加纳利 原著

[英] 迈克·菲利普斯 绘

王大锐 译

*

北 京 出 版 集 团
北 京 少 年 儿 童 出 版 社 出版
（北京北三环中路6号）

邮政编码:100120

网 址：www . bph . com . cn

北 京 少 年 儿 童 出 版 社 发 行

新 华 书 店 经 销

河北环京美印刷有限公司印刷

*

787 毫米 ×1092 毫米 16 开本 8 印张 40 千字

2010 年 1 月第 2 版 2022 年 10 月第 42 次印刷

ISBN 978 - 7 - 5301 - 2352 - 2/N · 140

定价：22.00 元

如有印装质量问题，由本社负责调换

质量监督电话：010 - 58572171

目 录

你想登山吗

就像我们的生命一样，地理特征也有它的高峰与低谷。我们可以从那些奇形怪状的山峰学到许多知识。当你坐在自己的课桌边时，你的思绪已飘入云端，你昼思夜想要成名成家，你的地理老师却要带你进入遐想的空间……

接下来，你突然醒悟，自己的梦破碎了。老师的声音使你大梦初醒，回到了地球上。哇噻，一切都得从头开始啦！

下周的课是要了解造山运动orogeny*。我们将于星期四进行一次野外地质旅行，我们需要一根绳索，一个结实的头盔，保暖的衣服，厚袜子，结实的登山靴，一顶帐篷，一个大背包，几副手套，风镜，还有这个、那个……

哇噻！

你究竟要去哪里啊？

　　★ "Oro-jen-ee" 是一个描述异乎寻常的山峰的学术名词。它源自希腊语中"山脉"与"诞生"两个词。换句话说，你的老师现在正教你怎么爬山呢。别缩头缩脑的，上吧！如果你早上从床上爬起来，觉得自己膝盖发软，双腿直哆嗦，那你为什么不试试这么一种"令人佩服"的借口呢？抬起你的手臂，遥指那座山峰，对你的老师讲：

老师，对不起，我妈说我有恐高症*呢，您能原谅我吗？

那我可得赶紧和你妈妈谈谈啦！

　　★ "恐高症"是指某人在高处就觉得害怕的意思。它是由两个古希腊词"山峰"和"登高"构成的。这些绝顶聪明的希腊人了解所有的山峰知识。他们生活的地方，是世界上山最多的区域之一。

如果你属于那种对登山毫无兴趣的人，但你又渴望走出家门，你可以去尝试这一简单易行的户外锻炼：小跑着在楼梯上上下下兜几十个来回。加油加油，你能行。如果大人们抱怨你这么干会踩坏地毯的话，别怕，甜甜地笑着跟他们解释：正因为楼梯在那里，所以你才爬的呀。大人物就是这么干的。那也是一位著名的登山家在解释他攀登珠穆朗玛峰的原因——因为它在那里！大人们肯定会被你的这番话气得说不出话来的。

这就是本书的所有内容。这些异乎寻常的山峰要比世界上最高的摩天大厦高多啦，和众多的山峰一样古老，与极地的冰天雪地一样寒冷，我们这本书将和你那可爱的生命共存。你可以做的是——

▶ 与高悬崖先生——你值得信赖的山地导游一道，去丈量世界最高峰那神奇的高度。

▶ 和大家一道，去探寻难以企及的山峰（如果它真的存在的话）。

▶ 在世界之巅寻找海生贝壳化石（这可是真的啊）。

▶ 经历一场雪崩，学会怎样生存（这可是会发生的）。

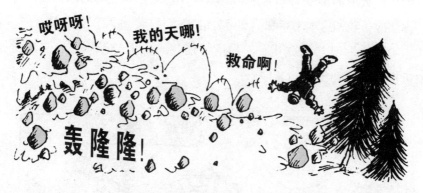

这种地貌你以前可没见过。它令人心惊胆战。但我可警告你——当你在怪异的山峰中攀登到一半路程时，可别看这本小册子。不然的话，当你翻过这一页时，就很可能一头从山崖上滚下去……

在 地 球 之 巅

1953年5月29日，尼泊尔，珠穆朗玛峰

凌晨4点，晨曦刚刚洒在珠峰上——那是世界上最高的地方，晨光把珠峰方圆几平方千米内都染成了玫瑰红色。一块巨石边上，一顶小小的帐篷顽强地抵抗着大风的袭击，里面的两个男人正经历着他们人生中最重大的挑战。

他们试图攀上世界之巅并将自己的姓名永载史册。当然，他们两人也知道自己随时可能丧命。在此之前，没有人能攀到这么高的地方，没有人知道他们是否会成功。但他们确实愿意经历这场冒险。

正在犹豫不决的人是埃德蒙·希拉里和丹增·诺尔盖。希拉里是一位新西兰人，出生在一个以养蜂业为生的家庭中。他的登山生涯仅有短短的6年，现在，他出现在珠穆朗玛峰上。丹增是尼泊尔夏尔巴人，登山经验非常丰富，他在大山中生，大山中长。一年前，他已攀到了珠穆朗玛峰的8595米高度，猛烈的狂风和极度的严寒使得他无功而返。那是常人无法忍受的玩法。但是，他现在又回到了珠峰，决心比上一次干得更漂亮。两人组成了一个顽强的小组。他俩都性格刚烈，勇敢而又充满斗志。他们所需要的也正是这些豪放的气质与品质。

现在，他们到达自己的第9个也是最后一个营地，大约在珠峰的8370米高度，他们在头一天离开第八营地。两人急不可耐地从帐篷探出脑袋，啊哈，天空放晴啦，风也小多了，至少现在看上去可真是个好天哪。几天来，呼啸的大风弄得他们在帐篷里几乎无法入睡。即使这么个大晴天，帐篷里的温度也只有-27℃！他们的皮靴被冻得硬邦邦的。在吃早饭时（早餐是茶、柠檬汁、饼干和沙丁鱼罐头），希拉里在酒精炉上烤起了自己的皮靴子。

早饭后大约1个多小时，他们仔细检查了自己的氧气瓶、绳索和冰镐——这是他们随身携带的装备。好啦，两人终于准备停当，就要出发了。在清晨6点半时，丹增与希拉里爬出自己的帐篷，准备向珠峰顶冲击。

两位登山者整好行装，开始了漫长而艰难的向珠峰南峰的冲击（到达主峰之前的一个峰）。他们所面对的第一个障碍是两侧陡峭而狭窄的岩壁，跨过它需要坚强的毅力和体力。他们沿途常会遇到这类障碍。不久，两个人就安全地翻越了这个横在面前的大家伙。为了爬上南坳，他们必须攀上一个陡峭的雪坡。一般说来，只要用冰镐在雪坡上直直地开出一条道就可以攀上去。但这里的雪又细又坚实，而且被一层冰壳覆盖着，人踩上去就像走在一个破裂的鸡蛋壳上一样。两人每向上攀5步，就会把双脚深深地陷入冰雪层中并向下滑3步。在这么个又陡又滑的大雪坡上攀登是要冒极大风险的，但他们知道自己已无法后退了。两位登山勇士喘着粗气、心跳加速。终于，在上午9点，他们登上了南坳。

即使此时，他们也无暇小憩。又一座陡峭得似利刃般的石壁横亘在两人的面前。一面是巨大的雪墙，像一块硕大无朋的挂毯或冰制的幕布悬在那里。另一面则是一个极大的雪坑，坑边是一堵裸露的、青灰色的岩壁。那可是个要命的地方！一脚踩空就会丧命。他们用绳索联结在一起以保安全，小心翼翼地翻过了这堵冰雪峭壁。

此刻，真走运，他们的脚下变得坚硬起来，终于可以行走了。两人每向上攀一步都要忍受极大的痛苦，他们的身体都紧张得发僵，心中也充满了恐惧。他们背的氧气瓶中有足够的氧气，还可供自己使用4个半小时。这些氧气能维持他们攀上顶峰并返回营地吗？只有时间能证明这一点。如果氧气耗尽，他们就无法动弹啦。

啊，珠穆朗玛峰顶已近在咫尺！但在山区，距离往往会给人造成假象。想攀上顶峰，至少还需要好几个小时！而现在，真正的麻烦来啦—— 一面巨大而垂直的岩壁堵在他们面前！岩壁足有12米高。他们的心凉透了——这面石壁又陡又滑，简直无路可攀。他们只能到此为止吗？难道真的只能调头下山吗？经过一番仔细观察，两人终于看到了一线希望——他们在岩石和一块巨大的冰帘之间找到了一条裂缝（从登山术语上讲，这叫"雪檐"——冻结在岩石上的冰雪块）。这是他们唯一的机会了。希拉里冒着生命危险，用冰镐在冰壁上一点一点地凿开一个个浅浅的坑，一寸一寸地向上攀去，向上攀时，他把自己的膝盖、双肘、肩膀和冰镐全用上了。如果能从冰壁上开出一条路，就能摆脱死亡的威胁。

两人上攀的速度好似蜗牛爬墙一样。终于，希拉里攀上了这又陡又滑的冰壁，丹增长长地出了口气，他也跟着攀了上去。事到如今，一切还算顺利。但这次艰苦的攀登使两位登山者心身疲惫不堪，几乎累得只剩下喘气的劲儿了，庆幸的是，他们的意识十分清楚——自己还活着。此刻，他们登顶的决心更强了。那高耸入云的山峰就在前面，任何力量都阻挡不住他们的脚步。

两位登山者又花了两个多小时向上攀登，每上一步，都要付出超人的努力。山顶的空气已经十分稀薄，呼吸越来越困难。这就像一个永无止境的考验。他们坚定地向上攀着，但新设定的目标又缓缓移开。他们到达顶峰了吗？突然，他们看到，就在自己头顶上有一块被积雪覆盖的只有一个干草堆大小的突起。若在世界的其他地方，那是平淡无奇的，而在这里却是个例外——它是一块海拔8848米的高地！那是珠穆朗玛峰顶，是他们历尽千辛万苦旅行的端点。1953年5月29日上午11：30，在离开第九营地5个小时之后，埃德蒙·希拉里和丹增·诺尔盖发现自己已经站在了地球之巅！

这是令人激动的时刻，两人热烈地握手并满怀喜悦地拥抱在一起。在经历了多年的探索、计划和失败之后，他们终于第一次代表人类攀上了珠峰顶。此刻，任何语言都是多余的了。语言已无法表达他们此刻的心情。希拉里按动照相机的快门，拍下了丹增挥动英国国旗、尼泊尔国旗、印度国旗和联合国国旗的场面。

接下来，丹增在雪地上挖了一个小坑，埋下了一支铅笔，一块绘有猫图案的黑布，一些饼干，以祈求众山神保佑他们平安下山。紧挨着这个小坑，希拉里埋下了一个小小的耶稣受难像。接下来，就是他们陶醉忘我的时间了。那是一幅人类以前从未见到过的景色——这儿的景色是多么的惊人：天空中飞速掠过的云朵，皑皑白雪覆盖的群峰，蜿蜒的峡谷和冰川，一一尽收眼底。但是他们在珠峰顶只能停留很短的时间。为了节省氧气以保证安全下山，两人只在峰顶待了15分钟。随后，他们动身下山，山下的营地里还有焦急地等待他们安全返回的队友们。

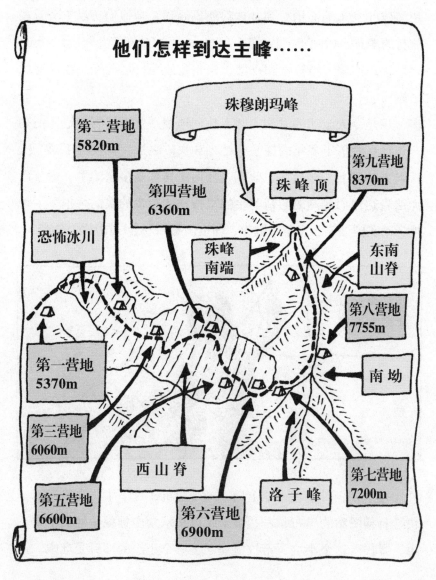

他们怎样到达主峰……

珠穆朗玛峰

第二营地
5820m

第九营地
8370m

第四营地
6360m

珠峰顶

恐怖冰川

珠峰南端

东南山脊

第八营地
7755m

第一营地
5370m

南坳

第三营地
6060m

西山脊

第五营地
6600m

第六营地
6900m

洛子峰

第七营地
7200m

奇山异峰档案

名 称： 珠穆朗玛峰

地 点： 中国西藏/尼泊尔交界处

高 度： 8848米

年 龄： 大约4000万年

山峰类型： 褶皱形成(参见第18页)

山峰特点：

▶ 地球的最高点。

▶ 属于喜马拉雅山脉的一部分，是该山脉的最高峰。

▶ 西方人将其称为"埃佛勒斯峰"，是以乔治·埃佛勒斯爵士（1790-1866）的姓命名的，西方人认为他是第一位测量珠峰的人。这也是他的一个绰号，意思是"拼命工作的驾驶员"。在此之前，珠峰只有一个代号："XV号峰"。

▶ 中国人称"埃佛勒斯峰"为"珠穆朗玛峰"（意思是"大地的母亲"）。

这座高耸而怪异的山峰最终被人类征服了。丹增与希拉里成了超级明星。他们被授予各种荣誉和奖赏（希拉里被授予"骑士"，丹增得到了"乔治勋章"）。从他们实现人类首次登上世界最高峰以来，已经有数百位勇敢者（或者是愚蠢的人）攀上了珠峰顶。所以，如果你向往攀登并勇于挑战自我，那为什么不能自己去挑战一座险恶的山峰呢？如果说珠峰对于初学者来说有点儿吓人，高不可攀，那也别着急，供你攀登的山峰多得很呢！

健康警告

　　正如你已了解的，登山可是个危险的活计。所以，你可不能自己一个人去尝试这项活动——请一位高水平的登山者陪你一块去吧。在你动身之前，一定要了解天气情况——山区的天气可真像孩子的脸，说变就变。此外，还应告诉别人你要到何处去登山以及你要去多久，以便他们可以在必要的时候帮助你。

移动的山脉

请别人想象一条山脉，他们总会用大量风化的岩石、形状像座金字塔来描述大山。但是，自然界怪异的山峰可远不止这些模样。老实讲，去问问那些古怪异常的地理学家们吧（当心——他们可是喜欢用自己的语言来讲话的。你可能会得到可怕又烦人的回答）。他们会告诉你，地球表面的四分之一是各种奇形怪状的山峰。这可是个可怕的数字！但是，什么是异乎寻常的山脉？它们是怎样在地球上形成的？它们为什么会在地球上长成这么吓人的高度？下面是一些地球上高峰的分布简图。

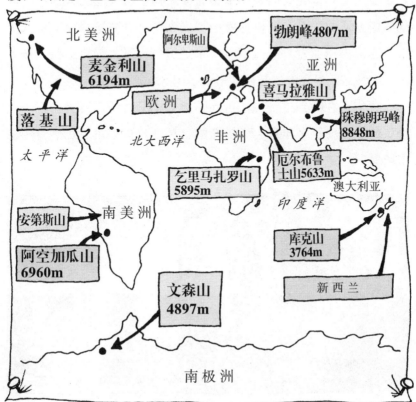

北美洲

阿尔卑斯山

勃朗峰4807m

亚洲

麦金利山
6194m

喜马拉雅山

欧洲

珠穆朗玛峰
8848m

落基山

太平洋

北大西洋

非洲

厄尔布鲁
土山5633m

乞里马扎罗山
5895m

澳大利亚

印度洋

安第斯山

南美洲

库克山
3764m

阿空加瓜山
6960m

文森山
4897m

新西兰

南极洲

13

什么是地球上的奇山异峰

严格说起来，一座山就是从地球表面升起的一堵陡峭的岩石壁。（哈哈，你早就知道啦？）人们以山高出海平面的部分来测量它的高度。有什么异议吗？一些地理学家认为可以称为"山"的至少要有1000米高（这相当于三座埃菲尔铁塔摞起来那么高）才行，其他的就只能称为小山包或小丘了。

几百年以来，山脉一直使地理学家们感到困惑不解。他们知道世界上存在着许多奇山异峰（好啦，这样你就大可不必去想这类问题啦），但他们却对这些山峰为什么会在今天的位置出现而争论不休。下面就是他们提出的一些理论观点：

英国的一位牧师汤姆斯·布内特（1635—1715）认为，地球表面曾经像鸡蛋壳表面一样平整光滑。但上帝要惩罚人们在宗教或道德方面的罪恶，所以他就把"蛋壳"打开并把里面的水放出来（还记得诺亚方舟的故事吗？正是这场大洪水使得这些人扬名天下）。这些蛋壳上的皱褶就形成了山脉。

我们现在听到这种说法可能会感到十分古怪而可笑。但不可否认的是，一百多年后，汤姆斯的这种"鸡蛋理论"仍然有不少市场哩。

与此同时，英国最著名的地理学家詹姆斯·赫顿（1726—1797）提出了一种大地破裂的观点。他正确地提出山峰是自然力在几百万年的时间里，把岩石揉皱、扭曲而形成的。但他无法解释形成这些奇山异峰的力到底在哪里。詹姆斯把自己的观点写成了一本冗长而乏味的书：《地球的理论》。不幸的是，没什么人读过这本书，因为他写的实在是太难懂了。而且，当时的人们更相信那个大洪水的传说。

人们对山的认识并未停止。美国地质学家詹姆斯·怀特·达那（1813—1895）认为，地球曾经是一个柔软而炎热的、扁扁的岩石球。随着它的变冷、收缩，地球表面都变干了，而且遍布褶皱（就像牛奶蛋糕冷了以后上面的奶皮一样。噢，就像洗澡时，你的手指头一样）。这些褶皱就成了奇山异峰。道理挺简单的。

似乎每位地理学家都站出来发表自己的看法。但是，到底是

什么原因呢？没有人能准确地证明山是怎样形成的。这些奇山异峰依然迷雾重重。

考考你的老师

忘记做地理作业了？为什么不去向你的老师问问这个头疼的问题呢？

老师，请问，这些山脉能去看牙科医生吗？

你们究竟在谈论什么问题呢？

答案

不，山脉可不会去看什么牙科医生的。这可是件走运的事情。你的问题听起来有点驴唇不对马嘴。你看，英国地理学者乔治·阿里爵士（1801—1892）认为山脉看上去有点像牙齿。这些奇山异峰看上去还真有点像一排排牙齿（就像你的珍珠白色牙齿闪着微光，微微一笑）。但在这些山峰的下面都是巨大的、长长的山根，就像你的牙齿深深地扎根于牙床上（情况有点像长在你的牙床上的牙齿，牙床既让牙齿生长，也保持它不会脱落）。聪明的乔治爵士对自己无法看到的东西的推测是随意抽象的吗？不，他是对的。

16

地球运动的观念

直到1910年，地理学家们才开始探讨山峰的根基问题。卓越的德国地理学家阿尔弗雷德·魏格纳（1880—1930）提出了一个崭新的观点。他从事地球的岩石表层研究（这里称为地壳，那是在你脚下没多深的地球的一部分），那可不是什么鸡蛋壳或者豆奶糊。在一种目前还不清楚的神秘力量的作用下，地壳分裂成一些板块，看上去有点像一些毫无规律的铺路小砖片（但范围可要大得多）。共计有7个大的板块和许许多多较小的块体，但事实都是：这些板块并不是一成不变地待在那里的，它们一直在运动着。

聪明的魏格纳把他提出的大地破裂的理论称为"大陆漂移"。但他没能讲明是什么力量促成了板块的移动。现代地理学家已经了解到，大陆板块是浮在一个高热的、流动的岩石层——岩浆上面的。岩浆位于地壳之下（地幔层）。它的形状和硬度看上去有点像糖浆。地球内部的热使岩浆剧烈翻腾，并导致这些板块的移动。

　　一般说来，板块的移动是不会被你察觉的。但有些时候，它们也会以自己特有的形式做相对运动。一些板块直接就插入对方，而另一些板块则试图背道而驰，彼此越漂越远。为什么呢？啊哈，这正是大山形成的原因。人们好像已经破解了其中的奥秘。

可惜啊，当时没人相信魏格纳的观点。人们认为他的理论只不过是为了引人注意的谎言。地理学家和地质学家们在50年之后才证实了魏格纳的理论是正确的。毫无疑问，这些大陆板块已经漂移了几百万年，而且依然在漂移着（不幸的是，魏格纳没能看到自己的观点被证明是正确的就去世了）。

观察山脉的方法

事实上，所有的奇山异峰都是岩石构成的，但它们也是千姿百态的。所以，如果你想了解山脉，为什么不尽快浏览一下高悬崖先生为你编写的这本《山地指南》呢？你将会发现山脉的4种主要类型。

1 褶皱型：锯齿状的、角锥状的山峰，而且是地球上最大、最常见的山脉。当两个互相对冲的板块碰撞到一起时，两个板块的边缘就会被"搓"起来，挤压形成巨大的褶皱，从而产生这种山脉。

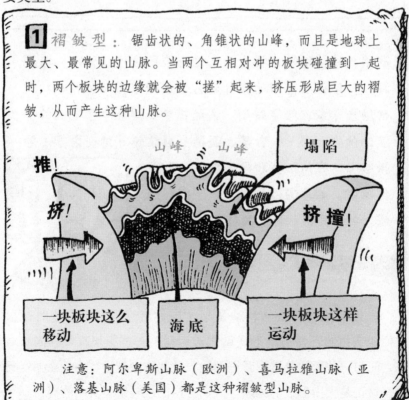

山峰　山峰　塌陷

推！
挤！
挤撞！

一块板块这么移动　海底　一块板块这样运动

注意：阿尔卑斯山脉（欧洲）、喜马拉雅山脉（亚洲）、落基山脉（美国）都是这种褶皱型山脉。

你能聪明地制造出一个褶皱山脉吗

做个小实验，用这种简单而又好吃的方法就可了解褶皱山脉是怎么形成的。然后，你就可以用它当自己的午餐啦！

你需准备下列东西：

▶ 四片面包

▶ 一些人造黄油或黄油

▶ 一些硬的奶酪和花生酱

你应该做的：

1. 做一份厚厚的三明治（就像是地壳上的板块），分别夹上黄油、奶酪和花生酱（代表不同的岩石层）。

2. 把三明治拦腰切开。

3. 两只手各拿一块三明治并把它们挤到一起（不要挤得太猛了，也别把它弄得太黏糊糊了）。

会发生什么？

a）你妈妈会制止你这么干的。

b）狗会叼走你的三明治。

c）三明治会向上拱起来。

答案

c）。祝贺你！你已经制成了自己的山脉。好的，这样你就可以从自己的杰作中得到一些想法。幸运的你不必等着看下一步会发生什么。地球上的山脉是经过数百万至上千万年才形成的。

啊哈，我正在做一个山脉哪！

快别闹了！

2 块状型：巨型、棱角状的山峰，它们由断层形成（它们出现在两个板块相遇的地壳巨大的破裂处）。在漂移的板块的挤压作用下，两个板块之间形成了一个巨大的隆起岩石体（有时这种板块也会下沉，形成一个两侧陡峭的峡谷）。

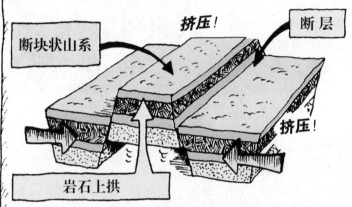

注意：内华达山脉（美国）、东非山脉、中央山脉（法国）都属于断块状山。

3 穹丘型：圆形，土丘状的小山。它们是由从地壳深部涌到地表附近的岩浆形成的。如果地壳太硬而无法破裂，岩浆就会把那里的地壳拱起来，形成一个穹丘状的小山。穹丘型山的坡度很缓，但它的基底往往可达数百千米。

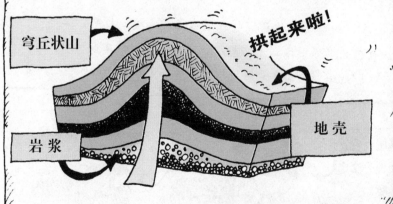

注意：黑山（美国）、湖区（英国）都属于穹丘型山系。

4 火山：陡峭、穹丘状的山峰。火山是地下高热的岩浆从地壳的破裂处喷发出来而形成的。它冷却下来，变硬成岩石就会形成一座山峰。世界上一些高峰就是火山。不过别担心，这些山峰已经形成好长时间啦。

熔岩层——这是当岩浆冷却并变得像岩石般坚硬时的名称

地壳中的裂缝

咕嘟！ 咕嘟！

岩浆上涌

注意：乞里马扎罗山（非洲）、厄尔布鲁士山都是火山。

地球上令人震惊的事实

在山顶，你可以发现三样东西：积雪——这是当然的啦，大量的岩石，甚至还有水母。对的，水母！你瞧，咱们前面刚刚讲过，几百万年以前，这些奇形怪状的褶皱的山还是古海洋的海底呢。所以你常常可以在石头里找到海生贝类、水母和其他海洋生物的化石。多年以前，人们还对在山上找到的这类化石困惑不解，以为那是谁开玩笑呢。

你能当地质学家吗

　　你还在怀疑地球上的山脉是什么构成的吗？大石头呗，那当然啦。一些着迷的地理学家用自己的一生去研究这些石头（这可是件苦差事，但有人就偏爱去干）。给这些石头命名是地质学家的事。你能当一名与石头打交道的地质学家吗？当然，首先你需要了解关于石头的知识。

了解你的石头也并不是件太难的事。你只要记住，地球上所有的石头都可以归到下面3大类中的一种。

A：沉积岩

它们是怎么形成的：

岩石的碎屑、砂粒或者微小的海洋生物的骨骼，它们堆积到一起，经过压实，就成了坚硬的岩石层了。经过几百万年，这些海洋生物变成了化石。

岩石的种类：

石灰岩，砂岩，白云岩。

代表性的山脉：

阿尔卑斯山脉，喜马拉雅山脉，侏罗山（欧洲）。

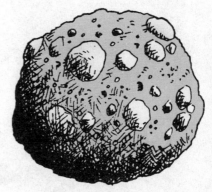

B：火成岩

它们是怎么形成的：

猛烈的火山喷发带出来的高热的岩浆（这就是人们往往把它叫作"火成岩"的原因）在空气中冷却、变硬以后形成的。

岩石的种类：

安山岩，花岗岩，玄武岩。

代表性的山脉：

安第斯山脉，落基山脉，
内华达山脉（美国）。

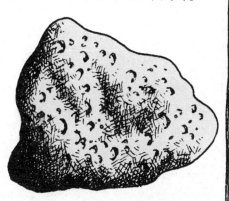

C：变质岩

它们是怎么形成的：

在火山或地壳运动的作用下，沉积岩或火成岩受热或受力，使它们发生了改变。

岩石的种类：

大理岩，片岩，片麻岩。

代表性的山脉：

阿尔卑斯山，阿巴拉契亚
山脉（意大利），亚平宁
山脉（美国）。

23

玄武岩：
1　表面平滑，暗色岩石，镶有一些绿色的晶体，这是一种在地球上常见的岩石类型。

花岗岩：
2　属于一种混合岩，有粉红色、灰色和石英晶体，坚硬而好看。

安山岩：
3　岩石中有许多大大小小的孔洞，有一些褐色和灰色的斑点。历史上有位名叫安德斯的人曾尝过它（所以叫作"安山岩"）。

石灰岩：
4　浅褐色或灰色的层状岩石，夹有不少海洋生物的化石。

白云岩：
5　灰色、白色，含有大量的晶体。在欧洲，你可以见到整个都是白云岩的山脉。

砂岩：
6　由许许多多的砂粒黏结而成，记住，它可不会粘你的牙。

片麻岩（好的片麻岩）：
7　浅色和暗色的岩石层，尝尝吧，咬起来会嘎吱、嘎吱地响的。片麻岩在自然界是比较常见的。

片岩：
8　这可是供大餐使用的，上面那几个红点是可爱的石榴石（你可用它们制成珠宝）。

大理石：
9　很纯净的岩石，它的结构有点像糖，坚硬，还含有一些灰色、粉红色或绿色的斑点，是一种真正的含晶体的岩石。

板岩：
10　灰色，从质地很细的泥岩变质而成，很容易切成薄片。

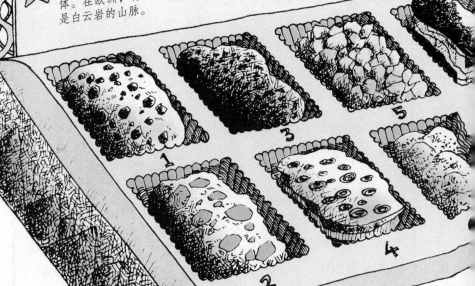

看看，这些是多么特殊的礼物！

这个盒子里装的是鲜花还是

好闻的香皂块？

别看得太仔细啦……

把这些精美的礼物送给你的老师，

还有你的朋友们看看，

仔细检查一下我们的礼物，

看看都是些什么玩意儿*……

大石头块！

它可够甜的，赶快用牙咬吧！

深入下去，继续吧……

★　现在，咬起来的动静可就大啦！

警告！

当你品尝这些"饼干"时，当心自己的牙齿。它们的硬度太强啦！

考考你的老师

你的地理老师有多优秀？用下列问题考考他。

1. 珠穆朗玛峰是地球上海拔最高的山峰。　　　　　对 / 错
2. 珠穆朗玛峰是地球上最高的山峰。　　　　　　　对 / 错
3. 喜马拉雅山是地球上最长的山脉。　　　　　　　对 / 错
4. 许多山脉都是从海底升上来的。　　　　　　　　对 / 错
5. 绝大多数山脉的年龄都不超过1000岁。　　　　　对 / 错
6. 英国没有山脉。　　　　　　　　　　　　　　　对 / 错

答案

1. 对。它的海拔高度为8848米。珠穆朗玛峰是公认的地球上海拔最高的山峰，要比世界上最高的摩天大楼还要高出20倍。或者，就拿你家的房子来比吧，大约是它的599个那么高。此外，珠穆朗玛峰还在长高哩。这可是真的。这是因为两个大陆板块相撞，把喜马拉雅山挤了出来，现在，它们还在挤着呢。专家们估计，珠穆朗玛峰每年的增高速度大约是13毫米。可别小瞧这个速度，从丹增和希拉里当年登上珠峰顶以后，它又长高了50多厘米呢！

2. 错。如果你从海平面测量

我想我们正在练习爬珠穆朗玛峰，对吧？

我想是吧。我们刚爬上妈妈的房顶，噢，这已是第600次了吧！

的话，珠穆朗玛峰可能是世界最高峰。但它肯定不是最高的山峰。世界山峰最高纪录是由夏威夷的冒纳凯阿火山保持的。它的山根深深地插入海中，这座巨大的火山的总高度达10 203米，比第二位的珠穆朗玛峰要高出1000多米。这条山脉中的几座高峰的大约一半露出海平面，构成了夏威夷主岛，其余部分则掩藏于海水之中。

我觉得在深海里攀登山峰是很时尚的运动！

3. 错。坐落在南美大陆的安第斯山的长度超过了8000千米，是地球上最长的山脉。这相当于从英国伦敦到秘鲁的距离。令人战栗的安第斯山脉蜿蜒分布在整个南美大陆上，穿越了好几个国家。喜马拉雅山脉居第二位，它的长度有5000多千米。

4. 对。在海底有许多山脉。有些山脉可以形成海中的岛屿，（还记得冒纳凯阿火山吗？）有些山脉远不够高，无法越出海平面。在大西洋海底有一条巨大的山脉，它从冰岛一直延伸到南极。这座山脉的总长度超过了11 000千米（几乎是安第斯山脉长度的1.5倍）。当两块地壳的板块在海底向外扩展时，这些山峰就会突然出现。炽热的、奔腾的岩浆会充填这些裂隙。当它们冷却、凝固时，就会形成一座座奇山异峰。

5. 错。山脉的年龄要远远大于这个数字。就拿美国古老的阿巴拉契亚山脉来说吧，它们的年龄至少有4亿岁了。想象一下，当这些山脉隆起时恐龙们震惊的样子吧。在地质年代表中（这可要比正常的时间表长多了），喜马拉雅山依然是位青少年，虽然它们的年龄已达到了4000万年。

喔，以前这里可不是这样的。

6. 错。如果你只计算高度超过1000米的山峰，在英格兰的确没有任何可以称得上"山峰"的山。但在整个英国国土范围内，还是有几座山峰的。在苏格兰的尼维斯山的高度就达1343米。这勉勉强强达到了奇山异峰的标准，但它已是英国的最高峰了。人们在这座山的顶部建造了一座巨大的当作纪念碑的石头建筑物，使得该峰的高度增加了365米。这是什么意思，在骗人玩吗？

你老师的得分是多少呢……

如果你觉得自己够慷慨，那就给老师每个正确的答案加10分。

50～60分。 最高分。你的老师真正达到了顶峰。赠给她一盒子石头做的点心当奖励吧。她将会忙得顾不上从自己嘴里抽出"点心"来给你布置家庭作业啦！这正是你希望的吧！

30～40分。 还不赖，算是个起伏不定的表现，你的老师也许很快就能达到顶峰了。

20分和20分以下。 真恶心。你的老师需要把眼光放高一些。得加把劲啊。唯一的途径是从现在开始加油！

再试试，指出哪座山峰排第一？这里有一个忠告：已经没有时间可以浪费了。你瞧，这些山脉你虽然可以看得见，但它们不是一成不变的。在它们形成之际，就开始被风化、瓦解了。所以，加油啊，尽快发现使山脉变矮的原因。用你的指尖翻过书页，进入下一章节去探索吧。

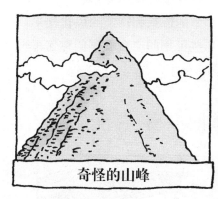

奇怪的山峰

奇怪的小狗*

★ 英语中山峰（peak）与小狗（peke）的发音相似。

滑动的山坡

奇山异峰看上去像磐石一般坚固，但是这种观测也会被误导的。对于某些地理老师来说也是如此。他们可能看上去挺好、挺善良的，而且通情达理，可一旦你晚交了作业，他们就会暴跳如雷，就会变得粗暴，而且是非常粗暴。

山脉的形成需要数百万年。可当那些高高低低的丑陋不堪的山峰一旦形成，风和风化作用就开始了对它们的侵蚀。你可以说从那时起一切都好办了（哈哈）。你可以根据山的形状、陡峭的山峰来区分出年轻的山脉。随着岁月的流逝和持续的风化作用，它的顶峰变得平坦且圆滚滚了。那些可怕的地理学家们称这种现象为风化导致的侵蚀。但它究竟意味着什么呢？

你能分辨出它们的区别吗

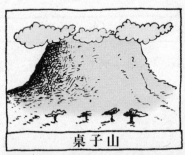

桌子山

像山一样的桌子

桌子山是坐落在阳光灿烂的南美大陆的一座奇妙山峰。经过多年的风吹和雨淋，它被风化侵蚀成一个有点像桌子形状的山。它甚至还有自己的"桌布"呢（那是人们对围绕着它的云朵的称呼）。当然，对桌子而言，你只是围着它吃饭、饮茶，明显与山脉毫不相干。

侵蚀——地球塑形的故事

　　侵蚀是一个死板的术语，是指在一定的气候条件下山峰的风化作用。在一定时间里，侵蚀作用可以把许多山头夷为平地。不过你别害怕——你要活上几百万年才能有幸观察到这一现象的发生（虽然有些最新形成的山峰可能会被这种作用削得矮一些）。侵蚀作用为奇山异峰塑形。怎么塑呢？在气候寒冷地区的山脉，冰是主要的运动者和造型家。下面就是一种冰将山峰侵蚀的实例，它是这么发生的……

1 白天，当天气暖和时，一些雪融化成水并渗透到山脉岩石的裂缝中……

2 到了夜间，气温下降，这些水结成了冰并且开始膨胀……

3 在这种地球塑形力的作用下，岩石裂缝越变越宽，终于轰然瓦解了……

轰 隆 隆！

　　时常会有大块的冰体分解并从山体上滑下来。它们就是可怕的、移动的冰川。你能英勇无畏地去了解、认识冰川吗？当心，它们可真的是容易滑动的。

什么是地球上的冰川

1. 冰川就是在奇山异峰上形成的巨大无比的冰河。但是，如果你对自己的安逸环境依依不舍，那为什么不能坐在你那舒适的椅子上研究一下这滑动的冰川呢？啊哈，这里就是高悬崖先生待在家中了解冰川的一个指南：

雪降落在高高的山顶上并积聚在一个岩石洼地里。洼地的学术名称叫冰斗。它的形状有点像一个巨大的岩石制成的椅子，有一个巨型岩石靠背和扶手。不会太舒适，对吧？越来越多的雪落到了山顶上并向山下滑动，把下面的雪压成了冰。

冰河

山的侧面

当这里的冰层形成时，它变得又厚又重，开始向山下滑动。

真奇怪！

冰隙——是冰层表面裂隙的一个学术名称，是冰层滑过不平整的地面时形成的。冰隙又深又危险，尤其是它们被厚厚的积雪盖住时更是危险。在你摔进去之前是根本没法从表面看出它们来的！

2. 与河流一样，冰川也只能向下流动。为什么？是重力作用拖曳着它们向下移动的。重力是一种将物体拉向地面的力。所以如果你在一个滑坡上没能站住，重力就会把你拉到地面上，天哪！那可摔得不轻。但是重力并不是孤立地起作用的。猛地看上去，冰川是挺坚固的，但奇怪的是，冰川的内部却是流动的，情景就像一个冰激凌中间夹着一些果冻状的咖啡一样，哇，好吃极啦。那就是为什么冰川上所有顶部的冰都会被压碎的原因。然后，它就会向山下流去。通常，冰川的移动要比一只蜗牛的爬行还慢，一天的移动距离大约有2米。所以，你可以轻而易举地赛过它。

3. 你大概以为移动着的冰川可能会很漂亮、很干净，也很壮观吧，就像巨大无比的冰块。但你错啦。事实上，冰川看上去灰蒙蒙的，而且凹凸不平，因为它们是裹挟着大量的石块一起流向山下的。但它们看上去就像一些微型的山脉，其中夹带的石块就像无数个砂粒。

冰川鼻部（冰川的尽头，它从这里开始融化。看上去有点像一个流动的鼻子）。

4. 冰川中夹带着一些大石块并且会形成冰川的边缘。当冰川自己向下蠕动时，布满沙砾的冰川在山体上又挖又掘，就像一个巨大的冰耙，在山体上掘出了巨大的"U"形山谷。冰川把刮剥下来的大量岩石一直向前推进，直到把这些大石头块推到了自己前部，堆积成尖尖的鼻子形状。这些被剥离下来的岩石的学名叫作"冰碛"。

5. 一些滑动的冰川体积巨大。在高高隆起的喜马拉雅山脉，有些冰川的长度达到了70千米，厚度几乎可达1千米。试想一下，如果这种冰川在你家门前的大街上流过，该是一幅什么景象啊！冰川可以增长，又可以缩小。缩小发生在气候变暖时，这时候，冰川前部的鼻部的冰会融化，所以冰川的体积就开始变小啦。阿尔卑斯山的罗讷冰川的融化始于1818年。一百年之后，这条冰川大大地退缩，以至于人们从当年建在它旁边的一座著名的旅馆里都几乎看不到它了。

6. 大石头块并不是你在冰川里面唯一可以看到的东西。1991年，两位登山者得到了一个令人们震惊的发现。他们在阿尔卑斯山上艰难地攀过一条冰川时，突然发现了一具被冰冻冷藏的男性尸体。天哪！透过种种分析，证明这个男人死于一场可怕的暴风雪……那是发生在5000多年前的事情！

他看上去挺像我那年迈的地理老师！

两条冰川的探险故事

探险科学家路易斯·阿卡西斯（1807—1873）不屈不挠地利用自己的夏日假期到瑞士的冰川地考察冰层。（为什么不向你的父母提出这个要求呢？）他的家人从不愿与他同去，想必他们已经准备去海边度假了。

年轻的路易斯生活在瑞士（所以他不必经过长途旅行就可以到达那神秘莫测的阿尔卑斯山）。还是个孩子时，他就表现出了出众的智慧。中学毕业后，他进入大学学习，而且一上就是两所大学，他同时成为哲学和医学大学的一年级学生。用功的路易斯希望自己成为一名医生，但他最终放弃了学医而改去研究……鱼类。哇噻！鱼类。天晓得他的老师们会怎么看待他的举动。但他研究的不仅仅是那些老龄的鱼（就像你用破旧的工具弄到的那种鱼）。不，不，他研究的那些吓人的鱼是已经死去的，而且是已经死去很久很久的鱼（想象一下那些死鱼的恶心臭味。哇，要吐啦）。事实上，这些鱼死去的时代太久远了，它们都已变成了鱼化石。这下你该知道路易斯学的是什么了吧——古生物学。

后来，路易斯成为纳沙泰尔大学自然史教授，在那里，他能够研究自己所关注的鱼类。他还写了好几本能烦死人的书，其中一本全是关于海星化石的。

但是，地球上的这些山峰与冰川有什么关系呢？没有什么关系。你看，路易斯通过他那又老又丑的地理老师的讲授已对冰川产生了兴趣。从那以后，冰川就深深地吸引了他（现在他知道了一条鱼的感觉是什么啦），而且他也获得了一些激动人心的发现。下面就是他在发给家里的明信片上表述的自己的发现（如果他能有时间把它们写下来的话）。

1836年瑞士，别克斯，阿尔卑斯山

亲爱的父母：

　　旅途是美好的，而且我已安全抵达。再次见到年迈的查潘特尔先生可真高兴。我们放下行李就直奔那些冰川。你们还记得查潘特尔先生的看法吗？他认为是那些冰川挖掘出了这些山峰和峡谷，并在它们四周堆积了许多巨大的石头块（没地儿了，我得再用一张明信片写啦）。

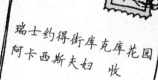

瑞士约得街库克库花园
阿卡西斯夫妇　收

明信片2

　　我曾认为他是胡言乱语。但实际上他是对的。那是发生在我们周围千真万确的事情。我还看到了更多的证据，在许多没有冰的地方也见到了相似的特征。那是个真正的哑谜。但查潘特尔先生同意我的看法。那里还有许多古冰川，它们产生于非常久远的年代。谢谢你们给我的毛手套，非常合适。

　　　　　　　　　来自路易斯的爱

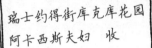

瑞士约得街库克库花园
阿卡西斯夫妇　收

顺便插一句，查潘特尔先生是路易斯的地理老师。你有兴趣和自己的地理老师一起去度假吗？

　　回到家中，路易斯被邀请到瑞士自然科学学会去做关于冰川的报告。但是他的观点几乎没有什么人支持。一位态度傲慢的科学家甚至告诉路易斯最好别再搞什么冰川研究，还是去弄弄鱼类算了。但是路易斯并没有放弃，绝对不会的。他很快又动身进山……

我们的旅馆

1840年瑞士，阿尔卑斯山翁特阿尔冰川

亲爱的父母:

　　这就是我们的旅馆，实际上就是一个小破屋。它很潮湿并且极不舒服。两面由石块堆起的墙，还有一面墙是一块巨大的石头，连屋顶都是石头堆成的。门是一块旧的毛毯。厨房是外面的一块长条石，它旁边竖起一块大石头正好形成了我们的餐厅。当拥有一条冰河时，谁还需要冰箱呢? 我们把酒瓶插进冰里来冰镇。今天我们测量了冰河到底有多深，我们带着铁测量杆爬上了冰河，然后我们把测量杆一根接一根地铆在一起，放入冰河里，到底时是300米。幸运的是我们多带了些测量杆。这里的风景美不胜收。

　　　再见

　　　　　　　　爱你们的路易斯

瑞士约得街库克库花园

阿卡西斯夫妇　收

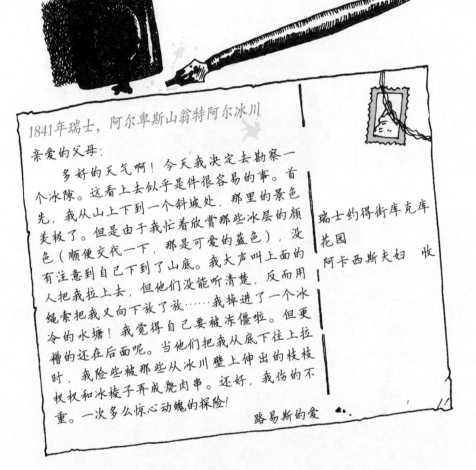

1841年瑞士，阿尔卑斯山翁特阿尔冰川

亲爱的父母:

　　多好的天气啊！今天我决定去勘察一个冰隙。这看上去似乎是件很容易的事。首先，我从山上下到一个斜坡处，那里的景色美极了。但是由于我忙着欣赏那些冰层的颜色（顺便交代一下，那是可爱的蓝色），没有注意到自己下到了山底。我大声叫上面的人把我拉上去，但他们没能听清楚，反而用绳索把我又向下放了放……我掉进了一个冰冷的水塘！我觉得自己要被冻僵啦。但更糟的还在后面呢。当他们把我从底下往上拉时，我险些被那些从冰川壁上伸出的枝枝权权和冰棱子弄成烧肉串。还好，我伤的不重。一次多么惊心动魄的探险！

　　　　　　　　　　　　　路易斯的爱

瑞士约得街库克库花园

阿卡西斯夫妇　收

　　路易斯的假期冰川之旅使他——也使我们学到了许多关于冰川的知识。大约18 000年前，大范围的冰层覆盖着地球大约三分之一的表面。在阿尔卑斯山区，冰层的厚度极大，只有那些最高的山峰才能露出冰面。当那些古代冰层消融时，就留下了我们所能看到的这些冰川。路易斯的这些勇敢的发现使得冰川很快就被标到了地图上。但是路易斯放弃了研究冰川的工作去了美国。他从此再也没有回过瑞士。他成为美国哈瓦特大学的动物学教授，并将自己的兴趣转到了龟类的研究上。但是当他66岁那年去世时，人们用一块他所钟爱的采自瑞士冰川的大石块作为他的墓碑。

奇山异峰档案

名　称：阿尔卑斯山

地　点：欧洲（法国、意大利、瑞士、德国和奥地利）

长　度：1200千米

年　龄：大约1500百万年

山峰类型：褶皱型（参见第18页）

山峰特点：

▶ 当欧亚大陆板块与非洲大陆板块碰撞时形成该山脉。

▶ 法国境内的勃朗峰为该山脉的最高峰，高度4807米。

▶ 在瑞士境内的阿尔卑斯山脉中有两条小溪，那是莱茵河的源头，是欧洲最长的河流之一。

▶ 阿尔卑斯山脉中最长的一条冰川是位于瑞士境内的阿列特克冰川。它有26千米长，面积有一个小城市那么大。

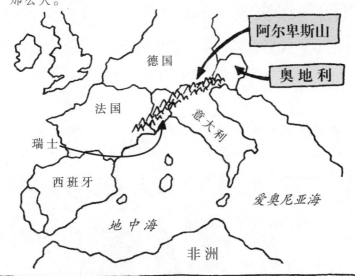

39

你能发现下面两幅图的不同之处吗

攀登岩石的羊

像羊一样的岩石

答案

　　像羊一样的岩石的学名是"羊背石"，在法语中用来形容形状像羊的岩石。这是被冰川移动时磨蚀形成的一种大块石头的学术名称。冰川中裹挟的石块在这种大石头的表面划出了一道道擦痕，看上去就像羊身上那些弯曲的羊毛（好的，这就需要你发挥自己的想象力去猜猜这种石头的模样了）。在18世纪的法国，人们还称这种石头为蠕虫爬行沟纹石。挺像一个长满鬈发的大脑袋！

山区的气候报告

　　在山区，人们必须格外注意天气情况——如果你想活着回来的话。还想知道些什么？那就好好看看高悬崖先生关于山区气候的报告吧……

今天将是个大晴天，到了下午会转为多云。之后可能会出现暴风雪。预计会有大风，在高处会下雪。或者，也可能是一个平静而阳光普照的天气。你从来不会知道那里的天气的！

山区的天气警告

麻烦就在于，山上的气候实在太严酷而且无法预测。几分钟前，天气还是好好儿的，暖暖和和的，阳光灿烂，可转眼暴风雪就来啦。下面就是在一座山上你可能会遇到的4种天气……可都是在1小时之内发生的！

　　严寒　你可能会以为自己越往高处攀登，就会感到越暖和，因为越往高处走，就离太阳越近嘛。那你可就错啦。致命的错误！你往高处每攀100米，气温就会下降1℃。这是因为高处的空气稀薄而干净。它不含任何可以留住太阳光带来的温暖的灰尘颗粒。在珠穆朗玛峰顶，温度可以降到−60℃。那是你能想象到的最冷的日子。这种严寒是足以把你冻死的。

喂，喂，大本营，你们能不能再给我送上来20双袜子？完毕。

即使在夏天，那里的气温也在冰点之下。那就是一些高高的山峰终年被积雪覆盖的原因，即使在温暖的地区，也会看到这种高山戴着雪帽子的景象。坐落在非洲的乞力马扎罗山的山峰就是被几条终年不化的冰川覆盖着的，它位于赤道以南仅仅几千米处。

我要是再长高些，我的耳朵就会更冷啦。

寒风　风也是山区的一个大问题（不，不是你平时遇到的那种风）。在白天，风从山体侧面刮过；到了夜晚，风刮起来就是另一种方式。在一瞬间，山里的风速可以达到每小时130千米，就和一辆飞驰的小轿车车速一样。风速快得足以吹弯你的腰，或者使你失足滚到山下去。

你要肯定自己抓牢啦！

什么？

更糟的是，高山上的风可以使你感到比实际气温更加寒冷。如果风速达到50千米/小时，而且气温为-35℃时，你在30秒钟之内就会被冻僵。天哪！赶快找地方暖和暖和吧。

致命的闪电　　闪电总是以最快捷的途径接触地面并击中目标的。所以，当你站立在高高的山顶上时，可要当心：被击中的很可能就是你！你可能会被闪电烤成个酥心饼，或者被那些由雷声震落的大石块砸扁。所以，你在山区时一定要注意观察云彩的形状，尤其是那种花椰菜形状的云。它们是一场暴风雨将至的信号。或者在你感到自己的头发根根直立的时候（那是空气中的静电作用），也是暴风雨临近的信号。天哪，赶快躲起来，直到可怕的暴风雨过去。

突然而至的暴风雪　　暴风雪是非常可怕的凶猛的雪夹风暴，而且它们可以在事先没有任何预警的情况下"光临"。你要知道，当暴风雪袭来时，温度下降，狂风卷着雪直扑你的嘴……所以你那时几乎无法呼吸，也几乎无法看清四周。暴风雪是非常可怕的。事实上，大多数登山人的死亡原因就是遇到了暴风雪袭击，而滑堕身亡的人数则相对要少一些。

健康警告

　　如果你在太阳升起或下落时登山，不要看自己的后面。你可能会看到自己身后有一团巨大的人形阴影。你见过鬼怪吗？别担心！这位奇怪的朋友就是你自己的影子。真的。由于在德国的布鲁克山区经常见到这种现象，所以就把这种阴影称为"布鲁克影像"。它的出现有一个简单得要命的原因。在太阳升起和下落时，它在天空中的位置较低并且会将你的身影反射到附近的云层里。那个影子要比平时大了许多许多。这样，你就会看到一个恶魔般的身影，啊哈！

　　有一件事可以肯定：风、雪或光照，它们都出现在峰顶部位。它们凶猛且有害。但除了那些会导致灾难的阴影和羊背石以外，地球上肯定也没有什么人愿意生活在那里，是吧。准备好啦，下面还有更奇怪的事情呢……

奇妙的自然界

　　你还没有在世界最高处发现任何活物吧。那里风又猛气温又低。但是，你把目光略微向下转移一点，就会发现许多生活在那里的奇形怪状的野生生物。山地的条件十分严酷，难以生存。但是，自然界就是这么奇妙，一些植物和动物却能勇敢地面对这种滴水成冰的环境。它们能够良好地适应那里陡峭的山坡和暴风雪的气候。它们在山区是怎样适应的呢？首先要做的是在这些奇山异峰中找到那些被称为"家"的粗制滥造的窝。

我们可能看起来活泼可爱，可你知道吗？在这里生存可是需要勇气的！

山顶的生命

　　用下面这个难题考考你的老师的自然知识：在哪里可以找到热带雨林、干燥的戈壁荒原和冰窟窿……出现在同一地点？他或她放弃了吗？现在，展示答案——毫无疑问，它们都可出现在一座山峰上。当你往山的高处行进时，气候就会变化（记得吗？你爬得越高就越觉得冷）。所以你在山脚下穿件衬衫就可以，但到了山顶附近就得穿羽绒服啦。哇噻！这就形成了许多不同的生态形式（这是用来描述植物与动物习性的学术名称）。

　　现在，该去结交一些山地的野生动物朋友了。或者，如果你不想成为一头山地雄狮的午餐，就一直跟着高悬崖先生吧……

喜马拉雅山

野驴

牦牛

我在这儿哪!

雪豹

捻角山羊

野鸡

狼

冰封的山顶

这里是终年狂风大作，冰天雪地。即使最顽强的动物和植物也无法适应这里的环境。你可能想象天空中会有鸟儿飞过，但实际上，这里只有孤零零的你自己。

高山的冻土带

这里是真正酷严的地带，几乎全是岩石块和碎石，还遍布大冰坑。此地表光秃秃的，动物可以生活在此处，即使有大风袭来时也不得不到山下去躲避。

高山草地

这里已有不少青草分布，可以来个短暂春天里的小憩。这里盛开着鲜花，会有不少昆虫。这里挺美丽，但也相当寒冷。

塔尔羊

黑熊

鼠兔

猴

虎

雪鸡

你从这里开始。

森林线

在高山上一条想象出来的高温线。这里是世界上树木长得最高的地方。在这之上,严酷的低温和猛烈的大风就使得树木无法生长了。

针叶林

针叶树指的是树的叶子像针一样。如冷杉和云杉(以及圣诞树)。如果你站到这种针叶树下,可要当心自己的脑袋喽。它们的树形很美,可雪在树上不会积得太多,它们单单靠树枝就能把雪抖下来。绝啦!

落叶林

你从一个温暖的阔叶林开始登山,这里的栎树和柚木都是落叶树("落叶"意味着它们会失去自己的树叶)。而在其他的草原或是潮湿的雨林。噢,你可能会发现一望无际的饥饿的大熊!

奇山异峰档案

名　称：喜马拉雅山

位　置：亚洲（印度、尼泊尔、不丹、巴基斯坦、中国西藏、阿富汗）

长　度：大约2600千米

年　龄：3000万年—5000万年

山峰类型：褶皱型（参见第18页）

山峰特点：

▶　在古印度语中，"喜马拉雅"是"雪的住所"的意思。

▶　它们是世界上最高的山峰，拥有10座世界最高峰中的9座。珠穆朗玛峰是世界最高峰。

▶　它们的山峰形状是由许多大型冰川和冰块侵蚀形成的。

▶　在印度教和佛教信仰中，这些山峰被认为是众神之家。

★ 尼泊尔
★★ 阿富汗
★★★ 巴基斯坦

喜马拉雅山

中东　　不丹

印度　　东南亚

非洲

奇妙的植物生存本领

你可能会以为，在严寒、多风、干旱、石质土的环境中，山上的植物大概会枯萎、死去。毕竟，没有水和温暖的气候，它们的细胞会被冻僵，而且也无法弄到什么食物。这可大错特错啦！在山峰上的确长着大量的植物，那是一个令人吃惊的奇迹。它们是怎样生活的？幸运的是，它们会偷偷摸摸地长出自己的叶子来，以帮助自己活下去。这些生命的生活目的太奇怪了，以至于令人无法相信。

1. 高山雪铃那细小的根看上去又好看又精致。但是，如果你用手拔一把这种小花去献给妈妈的话，你可就该倒霉啦——你的手指头会觉得像是被火烧了一样。这些纤细而漂亮的小植物能放出足以在雪地上融化出一个坑的热量！那就是它们能在春天里繁盛的原因。

对 / 错

2. 石头山上的伞状植物生着伞状的叶片，可以防雨和雪。当气候变干或烈日当空时，它的叶子就会卷起来以保持水分。

对 / 错

49

3. 这是在喜马拉雅山区生长的一种雏菊植物，不过你不会想用它去扎花环的。它的叶子毛茸茸的，十分暖和，马蜂却喜欢钻进去。这些马蜂可不喜欢被打扰。

对 / 错

4. 地衣生长得很慢，简直慢极啦。用学校食堂的盘子盛的一簇地衣可能需要2000年才能长成。这是因为在一年中，仅仅可能有一天时间使它们感到足够暖和，于是才长一点。这类植物是山峰上理想的生物，因为它们能以石头为食。它们能分泌酸，分解石头并使石头变得疏松。然后它们就会伸出自己那纤细的"根"，从石头中吸收养分。

对 / 错

5. 一些山区生长的树，比如柳树，长得只有几厘米高。事实上这些树长得太矮小了，以至于你都可以从它们头上跨过。它们生长得极慢，以抗击狂风。一些人称这种树为"小精灵树"，因为你必须像小精灵那么矮小才能把它们看作是一棵棵树。

对 / 错

答案

上述5个问题中，除了2、3外其他的全对。因为你在山上不可能见到伞状叶子的树，而且它们也不可能把自己的"伞"收起或放下。

地球上令人震惊的事实

绝大多数山地植物都是紧贴地面生长的，这样可以减少狂风的伤害。但也不全这样——一些特别的植物，比如山梗菜和千里光这两种植物都是长在非洲肯尼亚山的山坡上的。这些大型植物可以长到10米高，但是没人知道其中的原因。在另一些地区，它们长得极其弱小。顺便说一下，高大的千里光与蒲公英同属一类植物。试想一下，一棵这么高大的蒲公英长在你家的花园中该是一幅什么样的景象！

这些蒲公英咋还能长！

奇妙的生命形式

你可能不认为自己生活得太安逸了。如果你感到冷了，就会披上一件短上衣。如果你觉得饿了，就会奔冰箱去找点吃的。看到了吗？简单而方便。与那些山区的生物相比，它们所处的环境极为恶劣。但这些奇妙的生物却与自然环境进行了有效的抗争。它们已经进化出许多适应自然气候和斜坡的生理特征（不会被冻死或滑堕）。你能将第52～53页上的山区动物与它们奇特的生活方式对应起来吗？

1. 它那深褐色的外表可以为自己保暖（暗色可以比浅色更多地吸收太阳热量）。它生活在珠穆朗玛峰上，以被风刮下来的花粉粒为食。

2. 它身上厚厚的皮毛可以有效地保暖，有时候它还会觉得有点太热了。但它的腿却是光溜溜的没有什么毛。为了使自己凉快些，它会把自己的屁股冲着迎风面。它的另一个奇怪的爱好是会向自己的敌人吐出一些恶臭难闻的嚼过的食物（在自己家里可别试着这么干），它的表兄是骆驼，它生活在安第斯山区。

3. 它生活在日本北部的山区中，在冬季为了取暖，它会长时间地泡在火山形成的温泉中洗热水澡。外面的温度可以降到-15℃，而在温泉里，则可以达到43℃。它总是在下水之前先试试水温，所以它的脚指头不会被烧坏。

52

猕猴

山羊

小蜥蜴

4. 它的几个蹄子是尖锐的，可以踏入岩石中，而且蹄子是空心的，可以吸在岩石上，有点像一些动物脚上的吸盘。这种蹄子在爬山攀岩时真是棒极了，可以在最狭窄的山道上行走而不会摔下山去。

骆马

5. 它捡起那些死去的山羊或其他动物的骸骨，一气飞到山顶上。然后，它把这些骨头摔到石头上，直到它们裂开。它反复这么做，直到有的骨头开裂，它就可以吸食其中的骨髓了。

冰川跳蚤

6. 它生活在墨西哥的一座讨厌的火山山坡上。它可以忍受一天一夜的严寒，一旦太阳出来，就可以活动一会儿了。

兀鹰

答案

1. E；2. D；3. A；4. B；5. F；6. C。

漫长的睡眠之路

一些山地生活的动物发现了保暖的最佳办法，它们在整个冬季都睡大觉，直到春天来临才醒过来。这种习性称为冬眠。生活在山区，这的确是个好办法，因为动物在寒冷的季节里需要食物才能为自己提供热量。但在冬季很难找到食物。所以，还有什么能比赖在床上更好呢？保持清醒很困难？为什么不和山地土拨鼠待上一年呢？

一只山地土拨鼠在一年中的生活：

夏天

为了给冬季储备营养，可以在整个夏天都足吃足塞。最爱吃的是种子、小虫子和蘑菇。但真要是饿极了，连山上的老树杆子也不放过。一个夏天，吃得个滴溜圆，大肚子，小圆腰，险些连自己的洞口也挤不进去了！

秋·天

在自己的窝里铺了不少草，到了冬天，这些草又能吃又能保暖，可得多备下点。其实，到时候这个窝会有点挤——全家人都睡在一起。那时，一家子可能会有14只土拨鼠呢，你的耳朵准会挤到别人的屁股上。最后一个成员挤进来以后，会用干草、土和石头把窝门口堵住。你缩成了球，渐渐进入梦乡……

再挤挤，睡吧!

冬天

窝外已是冰天雪地，窝内的土拨鼠们却都在睡大觉，谁也不顾谁。呼吸和脉搏已经变慢，而且体温也下降了，同时不会感到饿，因为在整整一个夏季，它们已吃饱喝足啦，身体也养得肥肥胖胖。每3～4个星期，还会醒过来一会儿，拉几次屎尿，接着又睡过去啦。

春天

醒醒，醒醒！站起来，伸伸懒腰，你已足足睡了6个月啦。怎么，还困吗？你的体重已经减少了四分之一，对这个全新的、苗条的你自己问声好吧。快点，该出窝到那片大树林子里去玩玩啦……你那恶臭的窝也该清理清理啦！

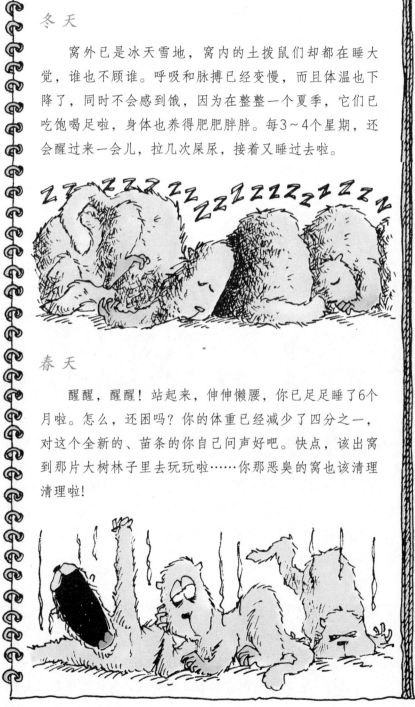

地球上令人震惊的事实

你在山上爬得越高，空气中的氧气就越稀薄——使得那里的动物（和人）的呼吸变得十分短促。所有的动物（和人）都必须从空气中呼吸氧气。没有了氧，它们就无法生存。但是，在高山上，空气太稀薄了，它们必须吸入比正常情况下多三分之一的空气才能维持生命。所幸的是，不少动物长有比较大的心脏和肺，能够吸取足够的氧。

一个高山之谜

许多在高山生活的动物特别害羞。外来户们几乎不可能与它们交朋友。有一种动物更是充满了神秘感，其实，这种动物存在本身就是一个谜。这家伙究竟是什么呢？勇敢点，你快发现它了……

几个世纪以来，居住在喜马拉雅山区的人们一直在讲述着关于"雪人"的故事，它是一种体型巨大、身披长毛的动物。它是人吗？它是猿类动物吗？无人知晓。你看，长期以来，没有一个人能接近它、看清它、确认它。而且，在野生动物园或公园中也没有可供科学家们进行研究的雪人。所以，我们打算自己去探险、去追踪一个真正活着的雪人。许多探险队都做过这种尝试，而且全都无功而返。我们能够成为世界上第一次与这种传说中的动物面对面的人吗？首先，我需要一位志愿者。有的人的确胆大勇敢，有些人不怕冷，有些人和高悬崖先生一样，是位登山家……

如果你勇敢地跟在它的后面……啊，那是什么？

下面就是高悬崖的报告，非常有趣。来吧，看上一眼……如果你敢的话。

失踪案

雪人

你是知道我的，我热爱每一座奇妙的山。那就是我从事这项职业的原因。那就像走在我自己的街道上一样。（或者那也许是座山峰，哈哈！）此外，我还从电视上看到过这里的人和景色。喔，那是我犯的第一个大错误。不论怎么说，我的首要工作是去采访嫌疑犯。这说起来容易可做起来难。我决定去碰一碰这最神秘的东西，并弄清楚我所想要知道的一切。

1. 嫌 疑 犯

姓名：雪人

3米多高的身材

像猿一样的脸

浓烈的体味

宽厚的肩膀

宽大的多毛胸脯

弓着腰走路

又粗又长的黑褐色体毛

双腿行走

巨大的脚丫子

已知的生活区域： 亚洲喜马拉雅山区

已知的犯罪记录： 冷不防地出现在登山人的面前，然后一溜烟地跑掉。夏尔巴人相信雪人会带来坏运气。所以，你一旦遇到一个雪人，就赶快溜吧……

已知的敌人： 你紧张吗？如果你遇到一个雪人，千万注意，不论你做什么，都不要惹它生气，否则，你就一去不复返了。

注意：

　　看着这个场面。相似的动物在落基山区也曾被见到过，在那里，人们称它们为"大脚怪"或"撒斯夸克"。你还会在中国、澳大利亚、俄罗斯和非洲见到这种野兽。天哪，哪里是安全的？

2. 出事地点的现场录像

　　为了确认一种被称为"雪人"的家伙，我赶到喜马拉雅山区，去调查有关的罪证。我的第一站是尼泊尔境内的安纳布尔纳山，近一时期，多次有报道称在那里发现了雪人。有一个报道来自两位英国的登山家，当时他俩正在搭建自己的帐篷，他们看（而且听）到了雪人。他们眼睁睁地看着它走了10分钟，然后消失了。这个证据确凿吧。

10:22　　　　记录●

好吧，事情变得不妙了，我得讲一讲。我刚在这里待了几个小时，就踏进了一堆粪便里，其实是我一脚就踩上去的。我取了一个样品供以后研究（就像地理学家所做的那样），但我肯定，那是雪人的！后来我在夜间行进时（夜很深了），看到了雪地上的一些脚印。它可不是我的，也不是周围其他人的。很奇怪。它究竟属于何种生灵？

13:15　　　　　　　　　　　记录●

几天之后……

脚印已经冻结实了。我已在这里等了一个多星期了，可我还没有见到过真正的雪人呢。麻烦就在于，据说雪人是一种夜行动物（它们是在夜间活动），而站在黑暗中是很难见到它们的。

09:82　　　　　　　　　　记录●

又过了几天……

> 还有，有人或是什么动物偷走我的最后一根香肠，那可是我打算配茶吃的。有一点我敢肯定，这片该死的林子中没有什么雪人。我该离开这里啦。

15:59   记录●

3. 证据

　　迄今，我的任务没取得什么成功。我是第一个进入这一地区的人。我唯一该做的事情就是调头回家，然后再写点东西。再见，这个雪人出没的地方。该带着这些证据上路啦。所幸的是，其他寻找雪人的兄弟们比我走运些。那么，到目前他们找到了些什么呢？

　　1）亲眼所见的证据。已有数百篇见到雪人的报道。已经派出过好几支科学探险队去寻找雪人，并力争逮住一个带回来研究研究。在20世纪80年代，加拿大登山家罗伯特·哈克逊发起了有史以来最为雄心壮志的雪人搜寻活动。他想找到一个雪人并采集到一些雪人的粪便（臭气熏天但的确是绝

62

好的科学证据，就像我找到的那样）。他花了整整5个月去追踪雪人，但可惜的是这个雪人一直没露面。现在我能理解他的感觉啦。

2）冷冻的脚印。1951年，著名的英国探险家艾里克·西普顿在珠穆朗玛峰上看到了一串巨大的脚印。每个脚印上有3个小脚趾和一个大得多的脚趾。没有任何一个人会留下这种脚印的。唯一可能长着这种脚的动物是一种猩猩（但这种动物生活在几千米之外的地方）……要么就是雪人！

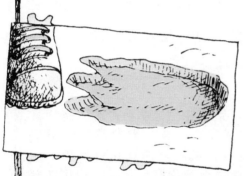

3）神圣的头皮。一支探险队报道曾经见到过取自一个雪人的头皮。那是一个布满短短的、红色毛发的，像圆锥一样的长形头皮。它现在被保存在珠穆朗玛峰附近的一座佛教庙中。和尚们把这块头皮奉为一个圣物（那是以前圣人留下的物品）。这张头皮被带到英国伦敦，科

学家们在显微镜下进行了观察。很可惜，科学家们认为那不是什么雪人的遗物，而是一种生活在高山上的山羊的皮。但是，科学家也有弄错的时候，不是吗？

4. 判 定

所以说，这些证据也似是而非。那么，什么是最后的定论呢？雪人真的存在吗？或者目前的雪人仅仅是一个古老的传说？不论怎么说，我是付出了劳动，我甚至都有点喜欢上它了。来吧，让我们把所有的奇怪现象都交给专家们来判断吧……

当然，雪人是有的。每个人都知道它。好吧，虽然科学家们还没有逮住过一个雪人，但那只是个时间问题。它们是大脑比较发达的新种的猿类吗？抱歉，现在还不好说，这还有待于科学的证明。或者，它们是古代巨人的一支后裔，它们在深山中已经躲藏了许多年。你知道吗？那也许是人类已失踪多年的亲戚……

走，找雪人去！

　　你可能认为雪人是一种奇怪的动物，而且人类无法了解它。那你可错啦，大错特错啦！在山区的确生存有许多特别奇怪的动物。问题在于，你敢勇敢地去面对它们吗？下面就讲讲如果你打扰到它们会发生的情况……

山区与人类

如果你正在寻找一个居住的地区，它该是个什么样的呢？温暖而又阳光灿烂？临近大海吗？远离那些奇山异峰？肯定没有人愿意生活在那里吗？噢，你可错啦。即使山区的条件艰苦异常，但依然有大约5亿人——那是地球人口的约十分之一，生活在那里。那么，在地球上，这些生活在山区的人们是怎么适应那里的高原生活的？

山区的人们

盖楚瓦族印第安人居住在位于南美洲的安第斯山区。他们绝大多数以种植业为生，比如土豆、大麦和玉米。他们养牛、羊、鸡和骆马。如果你也生活在山区，骆马可是一种极为有用的牲畜。它们可供人骑并帮人驮重物，而且你还可以用它们那极为松软的毛皮制成的衣服御寒。顺便说一句，骆马是骆驼的表亲，只是它们没有背上的驼峰。

但是，如果你想到盖楚瓦族人的村子里去拜访一下，那可得当心。当你爬到高山上时，那里稀薄的空气可能会使你感到难受，变得呼吸急促。这就是生活艰难的盖楚瓦族人的心脏和肺要比常人的大一些的缘故，这样可以为他们的血液运去更多的氧。

他们还发明了一种对抗严寒的方法：当你穿上一双厚厚的骆马毛织成的袜子时，他们却可以大胆地光脚在雪地上行走。这是因为他们的脚上有比常人更丰富的血管组织，可以为他们保暖，所以他们几乎不生冻疮。

奇山异峰档案

名　称：安第斯山

位　置：南美大陆（阿根廷、智利、玻利维亚、秘鲁、哥伦比亚、委内瑞拉、厄瓜多尔）

长　度：7250千米

年　龄：1.38亿年—1.65亿年

山峰类型：褶皱型（参见第18页）

山峰特点：

▶　它们是地球上最长的山脉。

▶　它们的最高峰是阿空加瓜峰（6960米）。这座山峰名字的含义是"石头的卫士"。

▶　它们是太平洋板块插入南美大陆板块后形成的。

▶　它们是如此的高大，以至于把季风和降雨的云都挡住了。所以在它们东侧是雨水丰沛的良田，而西侧却是戈壁荒原。

北美洲

加勒比海诸群岛

太平洋

大西洋

巴西

哥伦比亚

秘鲁

安第斯山

智利

玻利维亚

南美洲

阿根廷

山区的优势

山区的生活是极其艰苦的，许多生活在那里的人们非常贫穷而且生活困苦。那就是为什么许多生活在那里的人都要离开，到一些大城市去寻找好运的原因。

但是，事情并不完全是这么糟糕的。即使最高的山峰也有它的用处。下面就是4个你可能没有想到过的山区的优势。

1. **棒极了的水。**　如果你渴极了可又得不到一杯水的话，忘掉那些香蕉牛奶糖或者什么真空包装的罐头吧。事实上，此时，水才是你活下去的救命东西呢。没有水，你可能在几天内就会死掉。我们所喝的绝大多数水取自河流。但你知道这些河流的源头在哪里吗？当然，就在那些高高的山上。地球上一些最大的河就是发源于山间的那些涓涓细流，一些小溪发源于山间的湖泊，还有一些河流发源于冰川的末端。

信不信由你，地球大约一半的饮用水都来源于这些山区的小溪。

2. 奇妙的发电。　水的用途不仅仅是饮用，你还可以用它来发电（下次你打开电脑时思考一下这个问题）。如果你生活在大山边上，下面的情景就可能出现……

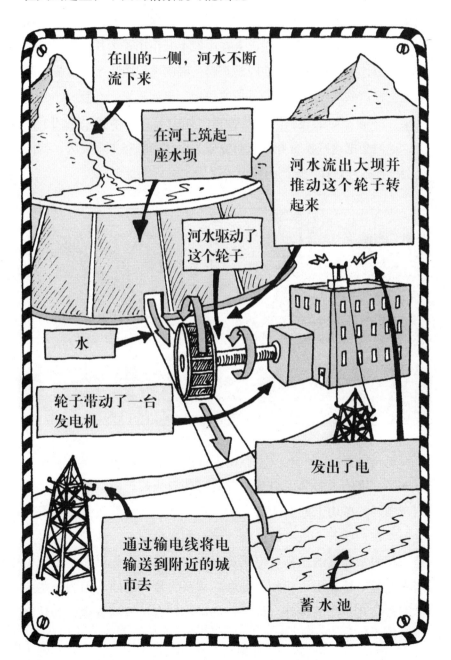

3. **特别的农田。** 许多生活在山区的人们以农业为生。但这是一种极为艰苦而收获甚少的生活方式。在那里，你找不到一块良田，找不到铺满绿色的田地去种植玉米。土壤极为贫瘠而且砂石遍布，山坡又滑又陡。那么，生活在这种土地上的农民又能做些什么呢？生活在尼泊尔的夏尔巴人在山坡上开拓出了大片的平坦地块作为农田，并在这些农田的四周筑起一圈围墙以防止水土流失。聪明吧？在这些梯田上，他们种植农作物，比如玉米、土豆、小麦、高粱，等等。他们还会养一些牲畜，如山羊、绵羊和牛。到了冬天，他们会把这些牲畜养在屋内或较为缓和的峡谷里。夏天，他们又会把牲畜赶到有青草的山坡上放牧。

4. **闪烁的黄金。** 在山上你见到最多的东西将是石头。一堆又一堆的大石头。但是，看看这些石头的表面，你可能会感到奇怪。一些山上的石头富含金、银、铜、锡和其他一些珍贵的金属（在一些石头里可能嵌有红宝石和祖母绿）。开采这些金属是一项非常庞大的工程。但采黄金相对容易些，你可能走运也可能不走运。要在山中找到一处金矿需要大量的时间，因为一些金矿埋藏在几千米的深处。但是，如果你拥有足够的资金，为什么不快点儿致富，去淘金呢？

你所需要的是：

▶ 一个大筛子或淘盘

▶ 一支山区工作的队伍

▶ 一块试金石

▶ 足够的耐心

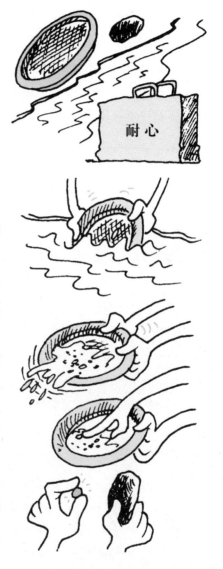

你应该做的是：

a）把你的筛子放入河水中并灌满沙子和水。

b）小心翼翼地左右转动你的筛子，把水和砂粒排出去。

c）只要有黄金，就会以薄片、颗粒或小团块的形式留在你的筛子里面。

d）用你的试金石划一下就能看出来你得到的黄金是真还是假。如果试金石上留下一道黄色的痕迹……恭喜你啦！你可走了大运了。

（如果没有黄色的痕迹，那就别高兴啦。那很可能是一种被称为黄铁矿的矿物或者"假黄金"。）

山区的交通运输

好的，干了半天了，你的胳膊该发酸了吧，但这么晃动筛子一直干下去，你可就发了！问题在于，你将怎么花费所得到的黄金？如果你生活在偏远山区，几乎没有机会逛商场。最近的商场也可能在几千米之外。（这当然也有好的一面啦，你上学也不容易了，啊哈！）那么，山里的人们是怎么从甲地到乙地的？如果你计划一次山地旅行，那就好好看看下面这张时间表吧。你不愿错过搭公交车吧？公交车通常要好几个星期才能来一次呢。来吧，还是让高悬崖先生送你上路吧。

山区旅行时间表

1. 步行

　　觉得挺困难吗？迈开双腿向前走吧。绝大多数山里人就是这么干的。尼泊尔的夏尔巴人就特别能吃大苦耐大劳，登山的人们雇他们往山上背送行装。（这话说起来轻巧，干起来可不易！）这些夏尔巴人生活在尼泊尔境内的喜马拉雅山区，尤其是珠穆朗玛峰四周。他们能背着沉重的行囊连续行走几个小时。夏尔巴人对山区的情况极为了解，他们知道哪里是最佳的歇脚点。顺便说一句，他们相信山峰都是诸位山神的家。所以，他们在出发前总会为自己的旅途平安做一两次祷告的。

我怀疑他是不是也能把我像那样背上。

▶　旅行时间：取决于你的行进速度。

▶　出事概率：取决于你自己的感觉。

健康警告

　　永远不要冒犯山神，它们的脾气可暴啦。有一个神话讲，一个贪婪的君王派了自己的军队到乞力马扎罗山上去抢夺山顶上闪闪发亮的银子（噢，你知道那是冰川而这个君王从来没有听说过冰川）。一队人马中只有一个人逃了回来，讲述了这个可怕的故事。他说众神杀死了他的同伴，并把他们的手指和脚趾都弄下来了（他从来就没有听说过冻伤）。那么银子呢？一到人们的手上就化成水啦。这当然了！因为那是冰和雪呀！

2. 骑牦牛旅行

　　牦牛生活在6000米以上的高原。这些神奇的动物长着又长又密的体毛，所以不会觉得冷。它们出没在最陡峭的山坡上和流速最快的河水中。一支攀登珠穆朗玛峰的探险队用了60头牦牛运送自己的装备。此外，你还可以用牦牛的奶来制成奶酪和酸奶。它们的粪便可以用作燃料，毛可以制成绳索。如果你实在饿得不行了，你甚至可以以牦牛为食。你在等信吗？看看牦牛背上的邮差吧。

我好像是被牦牛引着路走的！

　　▶　旅行时间：牦牛那缓慢而有规律的步伐是一成不变的，不论是它单独行走还是有人骑在背上，都是一样的。

　　▶　出事概率：非常低。牦牛的脾气好极了。但是如果你的牦牛发起脾气，试着用你的大拇指和中指捏住它的鼻子。捏紧了就好啦。

3. 挖隧道

　　一种简单的方法就是挖条隧道。山里的隧道又能通汽车又可过火车（不然的话，沿着山路可够你转的）。世界上有许多著名的隧道，尤其是在阿尔卑斯山区。世界上最早的一条隧道始建于1857年，是连接意大利与法国的森尼斯山隧道。这条隧道全长13千米。首先，开掘隧道的工人们用数吨炸药炸松了坚硬的岩石。然后，他们挖掉疏松的石头。这可是件苦差事，山洞里没有空气，石头又热得吓人。所以，这条隧道的修建花费了整整13年就不足为奇了。

我将会高兴地看到这条隧道尽头的亮光!

　　▶　旅行时间：大约5分钟就可以开车穿过森尼斯隧道，从意大利到法国了。

　　▶　出事概率：极低。今天的隧道已经相当牢固了，但大火依然是致命的危险。

4. 在盘山公路上行驶

如果你在去学校的路上晕车了，你可能会换下一辆车。在山上修一条公路可是一件复杂的工程。你无法修一条直上直下笔直的高等级公路。山坡太陡啦。所以工程师们不得不修筑极长、极弯曲的公路，这种公路被称为"发带"公路（人们这么称呼是因为这些公路看上去像那些把你奶奶的头发理得顺顺溜溜的发带一样）。噢，说到弯弯曲曲的公路，呕吐袋在哪儿？

▶ **旅行时间**：开慢点，要特别慢。当心山崖上有石头和杂物滚下来。

▶ **出事概率**：出发前仔细检查你的刹车系统。行进时别太靠山崖边。

5. 乘火车

来，乘火车进山吧。但要做好走山路的准备。与公路一样，铁路也不能直上直下。它们也得在山坡上绕行前进或以"之"字形爬坡。在陡坡上，火车上还有一个特制的轮子以避免火车会倒下山坡去。如果你有足够的勇气，去智利的特兰安斯—安顿山的铁路走一趟吧。在那里，火车的爬高可达4500米以上。你会觉得呼吸困难。乘务员会给乘客们提供氧气，以保证大家能在稀薄的空气条件下挺得住。别忘了带上你的野餐用具和食物，并且穿暖和些——车厢里可没有食物和供暖设备。

▶ 旅行时间：穿越智利的特兰安斯—安顿山的旅行大概需要30个小时，但也可能需要几天，因为这趟火车从来没有正点过。

▶ 出事概率：相当高。为你的旅行多留出一天时间吧。

最后……

对于这漫长的旅行你有什么发现吗？这里有个好消息：在山区生活有益于你的健康。这可是官方公布的。在高加索山区，人们几乎都可以活到100岁以上。你的地理老师也没那么大年纪吧？他们吸着山区的空气和……酸奶。对，酸奶。那可是个好东西，每天都喝它一碗。噢，别乱扯了，大口地吸吧……

攀上每座高峰

　　每年，都有数千人去攀登那些奇山异峰。就是图个乐儿！如果你问问他们爬山的原因，他们可能会露出羞怯的微笑并表示那是一种挺好的锻炼和观光方式。或者，他们会说："因为山在那里！"（还记得楼梯上的经验吗？）这是一个笨拙而出色的借口。你在偷吃冰激凌被妈妈逮住时，为什么不试试用这种借口呢？所以，这些着了迷的登山者们是疯了，彻底没话说啦。读读下面的文字，你就会被吸引住的。

> "吸引"（又称"抓紧"）除了有令人激动的意思，也是登山者的常用术语。它意味着当你害怕之极时，仅仅用几块肌肉根本无法移动自己的身体。你无法向上爬去，也无法向下移动，只有牢牢地挂在那里才能保命。你可别说事先没有人警告过你……

攀向顶峰

　　用那些疯狂的登山爱好者们的趣事去打动你的老师和朋友们吧。给他们好好讲讲，那就是你不用离开自己的椅子就攀遍各大山川的方法。

　　据载，最早仅为寻求刺激而攀登山峰的是一位法国上尉安东尼·威利。1492年，国王查尔斯八世命令他率领一支登山队去攀登阿贵里山，那是位于阿尔卑斯山脉的2097米高的山峰。"阿贵里"在法语里的意思是针尖山。不用多想，当你见到了尖尖的山峰形状时就会明白它的意思了，天哪！在那些天里，这位国王一直挺兴奋的。不然的话，他就该杀人啦。这位勇敢的安东尼借助了许多梯子攀上了这座针尖峰，他被山上美丽的景色深深地打动了，在山顶上整整待了3天。（他还觉得这么做真的使自己成了挺重要的人物了。他可真爱出风头！）

但是，把登山作为一种乐趣可太难流行起来了。山区当地的人们与大山仅仅一臂之遥，他们觉得离山越远就越好，因为他们认为自己处于精灵与妖怪的重重包围之中。他们可能会为了从某处到达某处才攀上一座山的。人们的目光并不远大。直到1760年，当安东尼的登山壮举过去了300年之后，人们才认真地把登山当作一项运动来看待。瑞士地理学者豪拉斯·本尼迪克特获得了第一位攀上勃朗峰的荣誉称号。这是欧洲的最高峰。从那以后，他当了26年的登山志愿者……

勃朗峰上伤感的一幕

　　来自法国查蒙尼克斯的麦克·卡布雷尔·皮卡迪博士在勃朗峰上用自己的望远镜观察了许多年。这座山峰深深地吸引了他。他曾多次试着攀登，可都没能到顶。但他并未就此放弃，从未放弃过。此外，他还进行了许多新的努力和尝试。

　　1786年8月8日凌晨4:30，执著的皮卡迪出发了。伴随他的是杰克斯·巴马特——一位采集矿石标本的高手，他对山的了解就像对自己的手背一样（当然顶峰除外）。他俩必须形影不离。他们都带了什么？一些面包、肉食和破旧的毯子——以便在暴风雪来时临时遮挡一下。

　　他们刚刚出发，麻烦就不断。当时的气温比较高，冰一直在融化着，化成不停流淌的水。要通过这种道路的唯一方法就是踩着雪水硬着头皮过了。更糟糕的是，当时的风也格外地猛烈。他们在3350米高度停下来吃午饭（所做的三明治已无法吃下去了——里面夹的肉都被冻得硬邦邦的了）。

一块好极了的火腿冰？

　　然后，他们又继续往上爬去。但此时的巴马特已忍受不住了。他拒绝继续前进。但是，皮卡迪坚持要他一同上攀。在他们到达一个冰斜坡时，顽强的皮卡迪在前面开路，他用自己的冰镐凿出了一串台阶。

他太像他的父亲了。

终于，在下午6：32，我们这两位顽强的英雄登上了顶峰。这趟攀登用去了漫长而难熬的14个小时。两人都要被冻僵了，他们精疲力竭，被冻伤了，而且患上了雪盲。但他俩已没有休息的时间。在山顶上根本没有可支帐篷的地方，所以他们只能直接沿原路返回。他们于次日凌晨8：00返回出发地，一头就倒在床上昏睡过去。

但是，他们的壮举已载入史册……并因此获得了勋章。

地球上令人震惊的事实

你得庆幸自己的走运——你没赶上1882年威廉·格林的那次在库克山上的探险。他和自己的两位向导差一点就登上了顶峰，但恶劣的天气使得他们无功而返。在下山的路上，天色暗了下来。他们迷路了，所以不得不在悬崖上待了一晚上，那可真悬哪！一旦他们犯了困，准保一头就摔到山下啦！事情倒也简单，那就一直大眼瞪小眼地坐着吧，他们不停地吃糖，唱歌（所幸的是，威廉会唱许多歌）。

还有更多的
山等你去爬呢

在勃朗峰上经历了
那惊心动魄的一幕以后，
登山活动就再也没有走回头
路。世界各地都兴起了登山运
动。许多人都参加了各自的登山
俱乐部，走出家门去探险。在阿尔
卑斯山区，一座又一座山峰被征服。接
着，勇敢的登山者们又把目光投向了更远
的地方——南美大陆、非洲和亚洲。但哪一座
是最奇特的山呢——是喜马拉雅山吗？地球最具
神秘感的山是哪一座？谁是第一个登上世界最高峰的
人？我们拭目以待……

对不起，走不开啦！

我请你让一让。

从这里
开条路。

高山之谜

1924年，一支由登山家和后勤保障人员组成的约300人的英国
探险队出发去攀登珠穆朗玛峰。经过整整两年的筹划、等待和准
备，他们的期望更高了。他们的登山路线选择在中国西藏一侧的
珠峰北坡。多年以来，中国西藏一直不允许外国人进入，不过到
了20世纪20年代，外国人可以进入了。英国人抓住了这个机会。
在这支队伍中，一位名叫乔治·马洛里的人可能是当时最出色、
最著名的登山者（他就是那位说出了"因为山在那里"名言的
人）。他已到了珠峰两次，但都未能登顶。这次，他认为有把握
冲击顶峰，否则就死在那里。没人怀疑马洛里。如果马洛里做不
到，就没人能做到了。

下面是当时的报纸对事情经过的报道：

1924年6月9日

环球日报

西藏 珠穆朗玛峰

勇敢的登山者在世界最高峰遇难

登山者乔治·马洛里与安德鲁·欧文昨晚在珠穆朗玛峰失踪，不幸身亡。据认为，这两位勇敢的登山者的出事地点距世界之巅仅有数百米之遥。

马洛里与欧文

最后一位看到他们的人是其队友居尔·奥戴尔。当时他在靠下一点的地方扎营，准备迎接马洛里与欧文下山。他仰头望去，见到云层中晃动着两个人的身影，两人行进顺利，步伐稳健。当时是6月8日下午12:50，两人距顶峰大约只有245米远。

奥戴尔给我们的记者讲述道："我的眼睛一直盯着一个小黑点，它在一片小云层中时而闪现，小黑点在移

这么近了……

动。不一会儿，又出现了另一个小黑点，并且也在向上移动，两个小黑点都在向一个盖着雪的大石头边移动。第一个小黑点到达了那块大石头边，不一会儿就到了石头上面。第二个小黑点也上去了。但是云块遮住了他们，一会儿，云散了，但两

个小黑点再也没见到。

从此再也没人见到过马洛里和欧文。马洛里，时年37岁，是一位中学校长，从学生时代就开始了登山。朋友们与同事们喜欢用"勇敢""顽强"和那时最伟大的登山家来描绘他。他留下了自己的妻子茹丝和3个年幼的孩子。

欧文，时年22岁，是英国牛津大学颇有前途的大学生，一位出色的运动员，他和马洛里是最好的朋友。

今天，人们依然敬重这两位英雄，英格兰的乔治五世国王说："他们将永远被人们铭记，他们是登山者们的好榜样，他们为了荣誉而勇于冒险，他们为献身科学与发现而勇于冒险。"

我们可能永远也不会了解他们是否已到达珠峰之顶，或者是在登顶途中身亡的。

顶峰上的一对人

一座冰雪之墓

1999年3月间，在马洛里去世75年之后，一支美国探险队有一项极为轰动的发现。他们希望找到欧文的遗体。根据于1933年发现的一把冰斧和当时的观察证据，他们认为可以确定欧文遗体的所在地。他们见到了一具尸体，他直挺挺地倒在那里，脸向下趴在雪里。他是欧文吗？肯定是。但人们仔细检查了这具尸体衣领内缝的名字之后，发现完全不是那么回事。"G.Mallory。"他们读了出来。是乔治·马洛里！真是难以令人置信，他们发现心目中的英雄。这些登山队员怀着极大的崇敬，在马洛里所热爱的山上把他静静地掩埋了。

但是，谜底仍未揭开。早在希拉里与丹增登顶的29年之前，马洛里与欧文就登上了珠峰顶吗？或者他们是倒在了向顶峰冲击的途中？除了这两位登山英雄之外，还有谁能证实这些？

是的。尼尔·奥戴尔在看到他们时，的确看得很清楚，他们正在向顶峰攀登的途中，而且他们已经没剩下多少氧气了。此外，这也是马洛里最后一次探险。攀登珠穆朗玛峰是他毕生的愿望。对他来说，那是他终生的唯一追求。一切只有当欧文的照相机被找到后才可真相大白。两个人在顶峰上的照片就可证明一切。

不。他们肯定是在登顶之前返回途中遇难的。他们从来没有登上过第二台阶。那是一个直上直下30多米高的岩石壁。现代登山队员只有凭借梯子才能爬上去。而且当时两人上攀时，离天黑已剩不了几个小时，他们还没有带上手电筒。即使这样，他们已是那个时期攀得最高的人了，已尽了自己的力。

喔，即使专家们也没有统一的看法。这可能已成为无法解开的谜案。你觉得呢？

奇山异峰的影集

　　与此同时，高悬崖先生正忙着摆弄自己的照相机，准备给其他著名的登山者拍拍照。是的，我知道有些人的短期休假实在闲得无聊。但这本奇山异峰的影集将会让你激动万分。不信？看看乐观的一面——它肯定比地理作业要强多啦。

威廉·莫克罗夫特

影集

　　威廉进山完全出于偶然。他本来是为山羊而去的。他学习了兽医后到印度去建一座生产披巾的工厂。那么，用来做披巾的毛从哪来呢？你肯定已经猜到了，它来自生活在喜马拉雅山区的山羊。这样，在1812年，一心去寻找羊毛的威廉出发了，他把自己打扮成一个宗教人士（当时，外地人并不受欢迎。他若不把自己打扮一下，就可能会被杀死）。经历千辛万苦，威廉终于找到了他要的山羊，而他也成为第一个户外探险家。真是漫漫长路啊——这趟旅行用了6年时间。

亨莉特是第一个攀登勃朗峰的女性，那是在1838年。（她是用自己的双脚攀上去的。早在1808年，一位小姑娘曾被背到勃朗峰顶，到那里为饥饿的登山者们出售食物。）在当时，登山活动被认为是"女性不宜"，姑娘们必须穿上长长的粗花格裙子。这是一种非常受人尊敬的但又不是特殊的打扮。（把你们的校服也做得这么酷吧！）但聪明过人的亨莉特略施小计，她穿了一套合体的裤子。她登上顶峰以后放飞了一只鸽子，让它向家人报信。亨莉特用一杯冰凉的香槟为自己的成功登顶而庆贺。干杯！

亨莉特·德·安吉维莉

影集

伊莎贝娜·博德
(1831—1904)

无畏的伊莎贝娜按照医生的要求开始了自己的旅行。她说，长途旅行对她是有好处的。她的家人要她赶快嫁人并定居下来，但她却无法忍耐这些。她动身了，前往美国的科罗拉多，去攀登落基山。在那里，她爱上了一个并不出色的小伙子吉姆。可怜的是，后来吉姆死于一场枪战。在旅途中，伊莎贝娜写下了几本有关自己旅行的畅销书。为了消磨时间，她经常带着针线活。至少，她从来没有磨破过暖和的毛手套。

奇山异峰档案

名　称：落基山（就是"石头"的意思）

位　置：北美（加拿大和美国）

长　度：4800千米

年　龄：大约8000万年

山峰类型：褶皱型（参见第18页）

山峰特点：

▶　一些北美大陆最大的河流就发源于此山中，包括密苏里河、哥伦比亚河、科罗拉多河和里奥格兰德河。

▶　最高峰为艾尔伯特峰，海拔4399米，位于美国的科罗拉多州。

▶　许多山坡上都生有繁茂的原始森林和红杉，它们是世界上长得最高的树，都是极为有用的木材。

▶　冬天，落基山吹着有名的奇努克风，它在一段时间使天气变得温暖而干燥，从而使积雪融化。所以，这种风有个外号叫"吃雪者"。

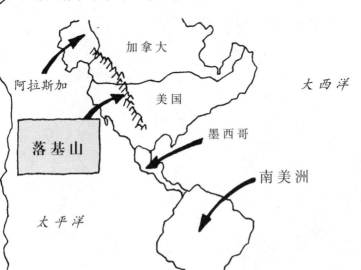

加拿大

阿拉斯加

美国

大西洋

墨西哥

落基山

南美洲

太平洋

影集

这是我和爱德华·怀姆波的合影，他是第一个攀上马特峰的人（好的，那我就第一个看看他吧）。爱德华早先是一位艺术家，但他不以此为生。他于1865年7月14日攀上了这座高峰，击败了一支意大利登山队（实际上，爱德华比他们领先不了多少米，仅仅是几块大石头的距离）。在下山的路上，爱德华与自己的队员用绳索系在一起，以保安全。但是，其中一个人突然滑了下去，扯着其他三个人也向山下滑去，一同摔向死亡的深渊。爱德华是唯一活下来的人，因为他与他们之间的绳子断了。那可真是一次侥幸的逃生。

邓兹格尔（1865—1879）

影集

生活中遇到的事情真是太多了。在1868年和1876年之间，邓兹格尔与它的主人美国人威廉·库力哲一道攀上了阿尔卑斯山上的50多座高峰。这是一条狗的纪录。在1875年，它就成为第一条攀上勃朗峰的狗。在好几次险情中，邓兹格尔都险些丧命，多亏了套在它脖子上的绳索。但它拒绝穿上主人为它准备的毛衣。真行！

富恩哈德·梅斯纳生于1944年

富恩哈德·梅斯纳是一位意大利登山者，他可能是当代最伟大的登山人。他在13岁时，就已经攀上了阿尔卑斯山的许多山峰。在1970年到1986年间，他成为世界上第一位攀上地球上所有14座最高峰的人（山峰的高度都在8000米以上）。此外，他还是世界上第一位不用氧气，不用绳索，不靠向导攀上珠峰峰顶的人，真了不起！

上山容易下山难

你知道"上山容易下山难"这句谚语吧？嗯，一般说来是这么回事。画张场景图吧……

你历经千辛万苦终于爬上山顶，激动了一阵子后就该下山啦。说来容易做来难哪。下面就是5种下山的方式。你能说出哪种太过冒险，而哪种是登山者实际采用的吗？

① 滑雪下山……

② 用滑翔机下山……

③ 乘独木舟下山……

④ 倒吊在绳索上
下山……

⑤ 从山上坐"滑梯"
下来……

不管你信不信，这些都是真的。这些方法都曾被试用过。

1. 每年都有数以千计的人去体验那令人惊心动魄的高山滑雪。他们乘高山缆车上去，然后滑雪下山——主要是为了好玩。但是滑雪下山可真是一项运动——你必须全力以赴地对待。世界顶级的滑雪运动员从高山上冲下来的瞬间速度可以达到每小时250千米，这和一列高速火车的速度一样，来劲吧！

2. 在20世纪80年代，两位法国登山者波温与马琪奥从南美阿根廷的阿空加瓜山顶峰下来，他们没有自己走下来，而是悬在一架滑翔机上下山的！他俩大约在半山腰上着陆，在空中飞了大约20分钟。还算走运，没有被风吹到别处去。

看啊！我挂在空中飞呢！

3. 1976年，两位英国独木舟舵手迈克·琼斯与迈克·哈特金森在珠穆朗玛峰上沿都得科西河划着独木舟下山。这条高山河流发源于5000多米高的昆布大冰瀑形成的冰水湖泊。从冰川上塌落下来的是有小房子大小的冰块，形成了这条向山下流去的河。

4. 这也是一种下山的方式。一个人把自己的脚踝挂在一条从山顶通往山下的绳索上，滑下山去。或者，他坐在一辆自行车上下山。真是不可思议，一些人这么干纯粹是为了找刺激。

警告： 这可是件极其危险的事情，千万别去试！

5. 滑滑梯来自法语的"下滑"。它指的是用你自己的双腿从覆盖着冰雪的陡坡上滑下山，或者用你的屁股滑下山也行。1986年，有人在珠穆朗玛峰地区创下了最快的下滑速度纪录。两位登山人坐在雪地上从2500米高处滑了下来。当他们想要停下来时，就用自己的冰斧当刹车器。他俩足足滑了3个半小时。屁股多疼啊！

你能成为一名顶级登山者吗？你有胆量去爬珠穆朗玛峰吗？如果你喜欢挑战，赶快进入下一章吧，那将是一次收获颇丰的探险经历。但如果所有这些经历会使你感到疲倦不堪的话，那就别试啦。如果你的老师热衷于绝顶探险，为什么不让她替你去呢？

山地生存

　　山峰之巅可真是个危险的地方。但如果你的老师非要爬到山顶去，那她真的想过一位登顶人的生活情景吗？她适应那里吗？山顶上极冷吗？她真的一心要登山并适应那里的高度吗？在那里，她能正常地呼吸吗？她能忍受那里的恶劣条件吗？无论她到何处，都会遇到这些问题。登山，对于那些无精打采的人是不合适的。她依然坚持要去吗？她的神经出了毛病吗？所幸的是高悬崖先生在此会给她一些指教的……

你有胆量去攀登珠穆朗玛峰吗

你需要的是：

▶　一座非常高大的山
▶　许多可供登山时用的衣物

> 如果你去登山，那你可得多穿些衣服了。这里有好几件登珠穆朗玛峰要穿的衣服，你想想自己有多酷吧！你需要的衣服是用来御寒和防风的，不然的话你会被冻僵死掉的。别担心，会有各种各样的衣服为你准备着。看看下一页，我会为你做个模特，向你展示一下各种最新款式的登山服。这可都是最流行的登山服……

特"酷"的登山人1：现代登山人的装备

登山服

登山服是连体的（一套从头到胳膊和腿都可以护着的服装）。它防风、防水且有良好的隔热层（可以为你的身体保暖）。它的透气性能极佳（为了使汗尽快散发出去）。它由多层组成，所以当你觉得太热时，可以脱掉一些（是的，登山有时会出现这种现象）。

薄羊毛层

羊毛是极好的纤维，它轻便、保暖而且易干。

登山背包

用结实的尼龙制成的，用于携带东西。

手套

最好带上两双，一双五指手套，一双两指手套。

氧气瓶

易携带的轻便氧气瓶。

太阳镜与唇膏

高山上的太阳光非常强烈。

连衣帽

可以防风和雪。外形宽大，必要时可以连头盔一起包起来。

头顶灯

你可不想在黑暗中迷路吧。

保暖的羊毛帽或仅留脸部的大绒帽

如果特别冷，就把它戴到你的头盔里面。

墨镜

可防止你的眼睛被强光灼伤。

保暖背心和保暖内衣

雪杖

手拄着可以保持你身体的平衡。

冰镐

可以在雪地上凿出台阶并可用来防止你身体的下滑。用轻金属制成。

厚袜子

用羊毛和尼龙织成。

厚重的靴子

用橡胶和坚固的鞋底制成，用来在雪地上踏实地面，它又轻又暖并可防水。

雪地钉鞋

绑在你的鞋底，金属制成的大钉子可以使你牢牢地站稳在冰和雪上面。

护腿

护在从脚面到小腿这段部位，可以防止石块的撞击并可防水。

现在你可以明白自己是多么幸运了吧，下面是20世纪20年代（就是马洛里那个时代）登山人的装备。想一想吧，当年的人们就穿着这套"行头"去攀登珠穆朗玛峰的。

特"酷"的登山人2：旧式的登山人装备

花呢外套和花呢裤子

这套行头又厚又硬又不太防水，一旦湿了就又重又冷。

长筒裤

就像长口袋裤一样。

喔喔，它看上去一点也不可爱。

帆布背包

帽子

风镜

手工编织的羊毛上衣

背心

长大衣

在特别冷时穿的。

氧气瓶

极为笨重。

冰镐

冰镐安在一个长长的木把上，很难用一只手使用它。

手工编织的羊毛袜子

平头钉靴子

皮靴子上有几个铁钉是为了雪地行进，但极为沉重而且不舒服。

▶ 可靠的绳索：你可能需要一根绳索，在通过大冰川时用它把你和其他队友系在一起。有时，在上攀陡坡时也需要它。所以，这根与生命相关的绳索要极为结实，而且不能有任何裂痕。现代登山用的绳是用结实的尼龙制成的。这类绳索轻便、易携带、耐磨损且防水（以前，登山用的绳索都是用植物纤维制成的。一旦湿了，绳索就会被冻硬，人就无法抓住它）。在珠穆朗玛峰上已经安装了许多绳索（它们被永久地固定在那里）。你可以利用这些绳索攀上去——或者手握，或者把自己绑到上面，往上爬！

通往顶峰

▶ 帐篷：你需要一顶帐篷，它轻巧便于携带，结实坚固且防水。轻便的金属帐篷杆最好。它们在大风中会发生一定的弯曲，所以你的帐篷就不会被吹跑啦。在你出发之前，先好好练练架设帐篷吧。到了山上你就没时间去看帐篷的安装说明了。

我觉得咱们应该事先多演练几次！

我在哪儿？

▶ 睡 袋

▶ 食品与饮料：你需要大量的食物与饮料。登山需要消耗大量的体能。下面就是一份登山者一天的标准食谱：

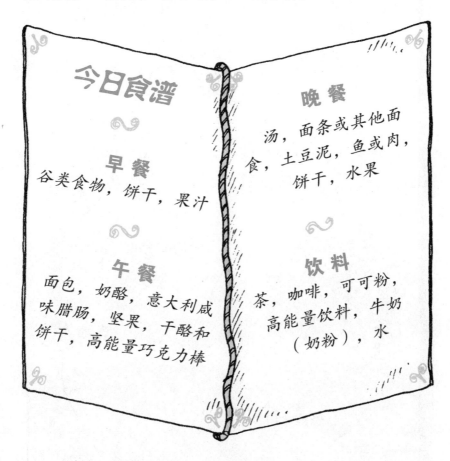

今日食谱

晚餐

汤，面条或其他面食，土豆泥，鱼或肉，饼干，水果

早餐

谷类食物，饼干，果汁

午餐

面包，奶酪，意大利咸味腊肠，坚果，干酪和饼干，高能量巧克力棒

饮料

茶，咖啡，可可粉，高能量饮料，牛奶（奶粉），水

▶ 一套炊具：炉子、锅、勺和碗。

你要做的是：

1. 计划好自己的行程。最常走的路线是从南坡出发（就是当年丹增与希拉里走的路线）。你把自己的营地不断增高，直到最后登顶。希望如此。每个营地都要贮存一些备用的物资装备，你的队友们也会在那里等你从顶峰凯旋。到顶峰可是一条漫长的、岩石质的路。怕你迷路，下面是一幅对你有帮助的手绘路线图：

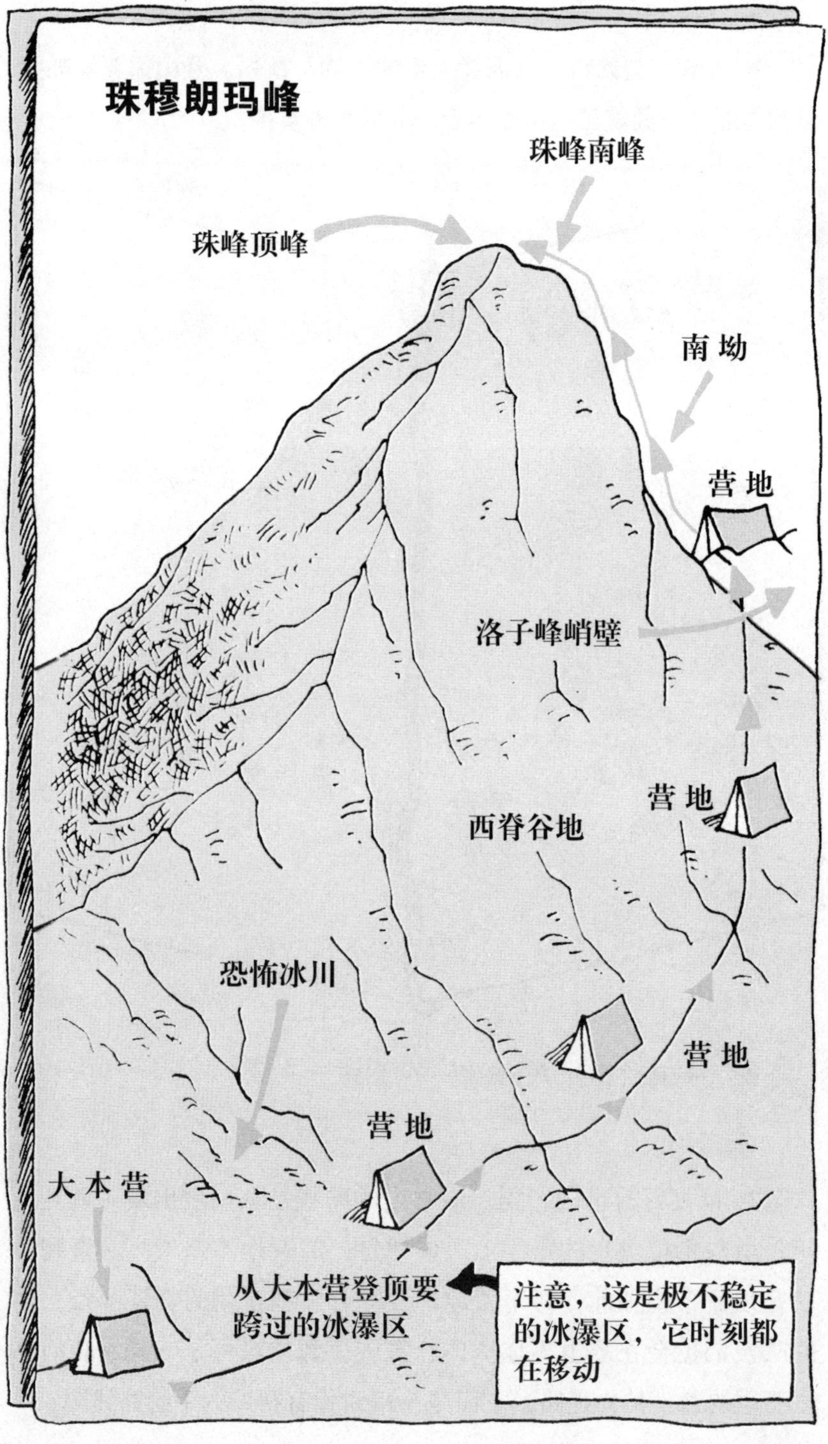

珠穆朗玛峰

珠峰南峰

珠峰顶峰

南坳

营地

洛子峰峭壁

西脊谷地

营地

恐怖冰川

营地

大本营

营地

从大本营登顶要
跨过的冰瀑区

注意，这是极不稳定
的冰瀑区，它时刻都
在移动

100

2. 得到许可。你需要得到攀登珠穆朗玛峰的许可证。进山一次的费用大约为45 000英镑，这可是一笔不小的开支，所以现在就开始省钱吧。

你带的行李太多啦！

这可是我登山用的钱哪！

登山最好的时机是5月中旬，那时的气候条件最有利。通常情况下，要避开夏天——否则你将会遭遇太多的雨天。麻烦在于山区的天气瞬息万变，常常会搞得你防不胜防。所以在出发前一定要经常了解天气预报。

今天，珠穆朗玛峰将会阳光普照，然后会有雨，有雪，微风，中等强度的风，强风，旋风！有小雪，大雪，然后是雨……

3. 接受培训。去攀登珠穆朗玛峰可不是一件轻松的事。所以，如果你不想很快就败下阵来的话，现在就可以退出。对于爬山的准备工作，好方法倒是有一个——爬楼梯，最好是背上一大包砖块去练。这可是个不错的练习方式，因为爬山时你也会背上沉重的行囊的。跑步、游泳和负重训练都是你强健体魄的好方法。

4. 选好你的团队。一支探险队需要数以吨计的装备——首先你需要建立一个大本营，然后将营地越建越高。你不可能一直携带着所有装备向上攀去（即使你们都受过负重训练也做不到这一点）。所以，你将要雇一些脚夫和牦牛帮你完成这一运输任务，大约需要100人。一些夏尔巴人很擅长攀登——在这些艰难的旅途中，你完全可以信任他们。

5. 出发吧。没时间可以浪费啦。你得花好几个星期才能到达大本营呢。即使到了那里，你也才仅仅走完了一半路程。别忘了在出发之前拜一拜神——在山神面前祷告。你会得到保佑的……祝你好运！

考考你的老师

给你的老师也出上几道无关紧要的难题。举起你的手，面带微笑并问他：

老师，请问，在斯姆普的头发里有一只高山蝴蝶。我该不该把它逮住以后放到窗外去？

你的老师生气了吗？

当然不会的。你的老师非常有礼貌。但是你要比自己想象的更加接近事实。"高山蝴蝶"并不是会钻到别人头发里或者在人头顶上振翅起舞的那种昆虫，它是一种给绳索打的结节。这种结节在登山时极其有用。你可以用它把自己牢牢地固定在绳索上，这样你就不会滑下去啦。下面就是你该学会做的"高山蝴蝶"。

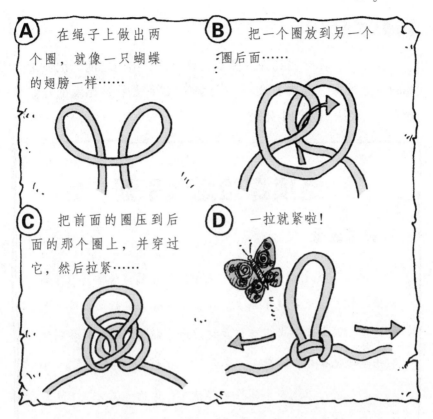

A 在绳子上做出两个圈，就像一只蝴蝶的翅膀一样……

B 把一个圈放到另一个圈后面……

C 把前面的圈压到后面的那个圈上，并穿过它，然后拉紧……

D 一拉就紧啦！

学会了吗？好的。你永远不会知道自己什么时候会用上它。

健康警告

　　高山可是危险的地方。据不完全统计，迄今共有675人已经攀登过珠穆朗玛峰……其中160多人一去不复返。如果你的老师非要去登山，那可一定得找个专家来帮帮她。如果她遇到麻烦，她就可以通过太阳能电话或卫星电话向大本营呼救。绝大多数探险队都带着这两种通讯工具。如果有人严重受伤，还可以呼叫救护直升机。但它只能降落在大本营，如果天气条件允许的话……

害怕了吗

在山上，你会遇到许许多多艰难困苦。出门之前，记住带上你的《绝顶探险急救手册》。当然啦，最好是在你出发前好好看一看。它能决定你的生死呢。

绝顶探险急救手册

1. 体温过低

体 征：牙齿打战，嘴唇变紫。你开始打哆嗦，一开始慢慢地打，后来就越来越快。你感到疲劳并且行动迟缓，无法说话，或者无法做出任何决定。你可能偶尔会感到特别暖和并开始脱掉自己的衣服。最后，你就崩溃并失去知觉。

原 因：在大风和寒冷的环境中，你的体温突然下降。人正常的体温为37℃。只要下降2℃，就会致命。

治 疗：穿得暖和些，喝一些饮料以保持你的体内循环通畅。吃一些含糖的食品，以提供能量。

2. 脱水症

体 征: 你觉得口渴，想睡觉，恶心。然后会感到头疼。你无法走动或说不出话来，你不知道自己身处何处。这可能致命。

原 因: 登山时会出汗，你的身体损失了大量的水分，而且，干燥的山区会使情况更糟。

治 疗: 大量喝水，即使你没有喝的欲望。如果你一直等到自己口渴才喝水，那可能就太晚啦。不论在什么情况下，都不要吃雪。那会使你的体温进一步下降。看看你的尿，就能大概知道自己是否脱水了。如果是淡色的，那你没事。如果成了深褐色的，那可就麻烦啦。

我的尿是紫色的，出了什么事?

3. 雪盲

体 征: 你的眼睛开始感到刺痛，然后你看什么东西都是一片红色的影子。你感到自己的眼睛里充满了砂粒。然后你会失明几个小时，甚至几天。

原 因: 雪地或冰面上反射的太阳光对你的眼睛造成了伤害。

治疗：用一块湿的凉布把眼睛蒙上，到暗处休息。不要揉眼睛。最好戴上一副深色的风镜或太阳镜，以防止强反射光对你眼睛的伤害，即使雾天也戴上它。

你的眼睛还是不行吗？

4. 冻 伤

体 征：你的手指、脚、耳朵和鼻子受伤。开始，这些地方感到刺痛，慢慢变得麻木。然后，冻伤处发红，肿胀并流水。接着，冻伤处变黑并脱落。

原 因：你的皮肤和肉体太冷了，它们被冻僵并坏死了。中度冻伤称为冻疮。

治 疗：努力让冻伤部分暖起来。

警告：这是极其痛苦的。你的脸可能会变形。最糟糕的结果是，你的手指和脚趾可能会被切除。太可怕了！

5.高山病

体征：你会觉得自己像是得了重感冒，头疼，身体发虚并且没有食欲。你感到疲倦却毫无睡意。你剧烈咳嗽且几乎无法呼吸。你甚至可能开始出现幻觉。

原因：高山缺氧。麻烦在于，一旦你登到2500米以上的高度，在没有任何先兆的情况下就会犯病。你可能是一会儿舒服点，一会儿又犯病。

治疗：下山，否则你会死掉的。或者钻进一条长睡袋中（这种特制的睡袋挺长的，尼龙制成，里面的压力泵会把你"吹"起来），这样可以缓解你肺部的压力，然后你就能下山了。

雪地杀手

雪。你可能会认为它很美，就像你在圣诞节贺卡上见到的那样充满诗意。再仔细想想。信不信由你，雪可以成为一个杀手！在没有任何警告的情况下，数千吨的雪会从山上滑下来，形成威力无比的可怕雪崩，它能席卷途经的一切——树木、人、汽车，甚至整座村庄。无人能从这白色恐怖中幸免，下面就是一个真实的故事……

1999年2月23日　奥地利的卡尔特地区

1999年2月23日下午4点前，一场大灾难降临奥地利阿尔卑斯山区的卡尔特地区。这场30年未遇的特大雪崩吞没了这个寂静的村庄、著名的滑雪胜地。无助的村民和旅游者被埋在厚厚的雪层下面，村里的树木、房屋和小汽车全被冲得七零八落，离开了原位。三分之一的人死了，许多人受了重伤。一半村子被夷为平地。一位幸存者讲述了雪崩袭来时的可怕情景：

> 我们刚刚到达自己的旅馆，突然间，全黑了。四周没有任何声音。忽听一阵乱响，窗户都变成了一个个大洞。接着，就是雪块冲击旅馆另一面的撞击声。

由于先前没有任何警告，所以人们只有几秒钟的时间逃生。当然，一些人是无法逃生的。任何被埋在积雪下面的人逃生机会都很渺茫。这种大灾难来临的唯一信号就是大片雪层突然破裂，从山体上剥落并冲下山来的轰鸣声。此外，卡尔特村距离山脚有200米，所以人们觉得远离雪崩太平无事，根本没有料到这场灾难。在山区，小雪崩是常见的，它们在冲到村庄之前往往就崩解了。在峡谷中，人们常常在雪坡上筑起一道道雪墙，以减缓雪崩的冲击速度。但是，在卡尔特四周却没有这么做。没人认为应该采取这种措施，没人会料到有这么大的雪崩。

科学家们认为，这场大雪崩是由阿尔卑斯山区恶劣的冬季气候引起的——这是人们记忆中最坏的天气。在这年的2月间，降雪量创纪录地达到了4米厚。强风把雪刮成了危险的堆积状态，垮塌方向直指卡尔特。在任何时间里，积雪都会垮塌。它就像一个等待时机的魔鬼，一场蓄势待发的灾难。更糟糕的是通往卡尔特的公路与空中交通因为恶劣的天气而被中断了整整5天。等到救护队最后赶到时，有些人已在雪堆下埋了16个小时。幸运的是，其中40个人被挖出后依然活着。这是个奇迹。

雪崩到底是什么？这些沉默的杀手们是怎么害人的？

一些可怕的雪崩实例

1. 雪崩就是大块的山上积雪突然间松散并冲下山来。卡尔特是被一场"粉末"雪崩袭击的。这种雪崩的特点是数吨疏松的、粉末状的雪坠到一个冰层上。然后在冰层面上又出现了裂缝，使其顶部的雪块不稳定——这种不稳定的雪块会突然开始下滑、崩塌。

2. 雪块分裂需要在它的上部有足够的重量（这个强大的重力把雪紧紧地压向岩石）去克服摩擦力。然后，重力就该起作用了。在卡尔特村，大约有17 000吨雪突然从山上崩落。这足以引起灾难。但当雪崩袭击村子时，它却卷动了大得令人难以置信的雪团。设想一下这个大"雪球"的体积吧！

3. 如果你正在滑雪，就好好观察一下。许多事情都可以引发滑动，包括一位滑雪者的体重。不幸的是，高山区的雪崩季节从1月直到8月，这也是滑雪的大好时光。小汽车的有力关门声会触发雪崩，甚至高声大叫也会触发雪崩。是的，高声大叫。你知道

那种高而奇怪的、颤动的声音吗？是的，在一些瑞士的山区村庄里，在春季这个最容易发生雪崩的季节里，高声大叫是被严格禁止的。村里的孩子们也不许大叫或唱歌。大家被控制得有点像上地理课。

4. 一些雪崩的运动速度极快，可以达到每小时320千米。天哪！这可是一辆赛车开起来的速度。而且雪崩中雪块下滑的速度会越来越快。发生在卡尔特的那场雪崩移动速度就太快了，下冲了两分钟就停了下来。别认为这个时间挺长的，它只给人们留下了10到20秒逃生时间，那是远远不够的。

5. 不论你是否相信，在第一次世界大战中，雪崩曾被当做一种致命的武器。奥地利与意大利军队在阿尔卑斯山区交火，双方都在山顶防守，互相的对射引发了致命的大雪崩。1916年，有80 000多士兵死于这种人为引发的雪崩。仅仅一天就死了这么多人！

6. 科学家们正在努力地进行研究，试图找到预测在何时何地将会发生雪崩的方法。这样，就会事先发出警报了。在阿尔卑斯山区，每个山峰顶都设有小型天气预报站，负责测量气温、降雪量和降雨量。所有的测量数据都与预测雪崩有关。科学家们将这些数据输入计算机把它们汇集到一起进行预报。这些方法有用吗？好消息是，它们比在任何时期都有用。坏消息是，这不是一种精确的科学方法。你仅仅可以得到关于整个地区的预测，而无法获得某个峡谷的预测，雪崩依然会"神出鬼没"地发生。

7. 能用什么办法阻挡住雪崩的推进呢？人们已经尝试了各种方法。在一些山峰的坡地上，人们建起了铁围栏，用来阻拦下冲的大雪块。一些房屋被建成抗雪崩的，向着雪崩袭来的一面，屋外有尖锐的利角墙，而且不开门和窗户。长期以来，科学家们一直在尝试着用爆炸法触发一些小型滑坡，这样可以避免一场危险的大雪崩。听上去很危险，不过它的确有用。但可怕的事实是，一旦雪层开始滑动，你就根本无法阻止它前进！

高悬崖先生关于安全躲避雪崩的最佳建议

如果你无法幸运地避开一场雪崩，那该怎么做呢？不幸的是，你的逃生机会极为渺茫。全世界范围内，雪崩每年大约会导致200人死亡。最主要的致命原因是这些人被雪掩埋，就像冰封的作用一样。真可悲。但别害怕，如果在你前面有险象环生的雪坡挡道，记住用下面的方法逃生。

如果你与雪崩遭遇了：

▶　一旦发生了雪崩，马上试着躲到一些掩蔽物后面去，比如大石头或树的后面。

▶　紧紧地闭上嘴巴，这样你就不会吞下太多的雪了。用你的双手护住自己的鼻子。这样会在雪堆下面给自己留出一个呼吸的空间。

▶　就像游泳一样，试着向上推动手臂。这个动作听上去挺傻，但却能救命。

▶ 当雪停止运动时，用吐口水的方法分辨出你所处的位置。如果你吐出的口水流到自己的下巴，表明你处在直立状态。如果你吐出的口水流到自己的脸上，表明你处在"大头朝下"的状态。如果你还能动，就试着把自己挖出来。向与你吐口水相反的方向挖出去。

▶ 一定要随身携带无线电报话机。把它带在身上或挂在脖子上，它发出洪亮的声音有助于救援人员找到雪堆里的你。

如果你正在搜救某人……

▶ 把你的报话机开到接收波段。这样你就可以收到任何求救信号了。

▶ 仔细搜索有任何线索的区域。用一根长竿——称为雪地探针，来探查（动作要轻）雪下面埋住的人。

▶ 带上搜救犬。狗的鼻子极为灵敏，所以它可以出色地解救遇难人员。不用携带什么高科技仪器——狗救人的速度是最快的。

▶ 当你发现被埋住的人时，就垂直向目标撞去。已经没有时间可以浪费了。被掩埋半个小时以后，绝大多数人就会死掉。首先要扒开被埋人的口部以便他们呼吸，然后尽快把他们送下山去。

很可怕，不是吗？但别惊慌！记住，最有可能的事情是：你宁愿选择在学校里去完成地理作业，也不会跑到山里去冒雪崩危险的。哪种情况更可能发生呢？

山地 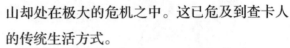 环境

即使山区存在那么多危险，那也是明面上的事。充满好奇心的人们迷恋山区。但这些奇山异峰欢迎人们的到来吗？这些长途旅行都会产生严重的后果吗？山也许看上去坚如磐石，但是，别被欺骗了。它们远比人们看到的要脆弱得多。来吧，下面给各位讲讲非洲乞力马扎罗峰的故事……

山区的麻烦

非洲乞力马扎罗山区的查卡人在这座山的山坡上已经生活了数百年。他们相信山是神圣的，并对其顶礼膜拜。在拜完山神之后，他们会说，你不这么做就不会进天堂。但现实生活中，山为当地人提供的东西太多了——它那涓涓涌出的泉水为查卡人提供了源源不断的饮用水和灌溉水。没有水，他们就无法生存。但是，今天的山却处在极大的危机之中。这已危及到查卡人的传统生活方式。

1970年，乞力马扎罗山被列为国家级公园以保护那里的自然景观。每年有数千名到坦桑尼亚的游客赶去攀登这座著名的山峰。大概需要6天时间可以到达顶峰。这些旅游者们带不

115

少钱来雇当地人为其服务，或当脚夫，或当向导。目前的情况还算好。麻烦在于，一年中，旅游者大约为18 000人，而被雇佣的当地人则达54 000之众，乞力马扎罗山已不堪重负。这么多的登山者在山上安营扎寨，大量的树木已被用作引火的木材。在营地发出的一个大意的火花就会引燃整片森林，使数千亩山林毁于一旦，留下大片灰烬。要数十年时间，这些森林才能恢复原貌。

更为严重的是，旅游业也改变了查卡人的生活。他们被迫离开山上，迁移到山下干旱的平原。他们已习惯在山上狩猎与放牧的生活。但他们已被禁止从事这些活动。许多人不得不返回山区。人们的生活十分贫困，所以他们在森林中砍掉那已所剩无几的珍稀树木，用这些有价值的木材来换点生活费。由于树木的减少，森林的蓄水能力大大下降。在土壤中播下的种子，一场雨就会冲得一干二净。所以，那里的山泉已经很少了（你已将这些地下水弄到了地面上），许多河流已经干涸了。这意味着当地的人们生活会更苦，因为他们得不到足够的饮用水和灌溉用水。这是一个可怕的恶性循环。

人们正在努力把形势向良性循环发展。他们种植了大量的树木，并开始限制旅游的人数。孩子们在学校里也开设了地理课，学习爱护山区。这些措施有效吗？现在还无法肯定，但应该能大大缓解这种迅速恶化的情况。

奇山异峰档案

名　称：乞力马扎罗山
位　置：非洲坦桑尼亚
长　度：5895米
年　龄：大约300 000年
山峰类型：火山（参见第21页）
山峰特点：

▶　乞力马扎罗山是非洲大陆的最高峰。它高高耸立于四周的平原之上。

▶　在当地语言中，乞力马扎罗是"闪光的山"或"泉水之山"的意思。

▶　它实际上是由3座山峰组成的，它们是基博山——最高峰、马文济山和希拉山。基博山是一座休眠火山，已有200年没活动了。

▶　在100年内，基博山上所有大冰川将会消亡。这是地球气候逐渐变暖所造成的。在近一个世纪内，它们已经减少了一半。

非洲

红海

乞力马扎罗山

肯尼亚

大西洋

坦桑尼亚

健康警告

　　处于这种压力之下的不仅仅是乞力马扎罗山。在喜马拉雅山也有相同的情况。为什么呢？在尼泊尔，也有大量的树木被砍伐，用作烧火的木材，许多山坡已变成秃岭。而且，没有可以把土壤固结在一起的树根，土壤就会被冲刷掉，从而导致严重的滑坡，这是由山区的河流引起的问题。这会引发致命的山洪，直冲向下游地带。

高山垃圾

　　登山的人们有一种说法：当你攀登一座山时，在任何一座山上，除了自己的脚印之外不要留下任何东西。这是个极好的建议。奇山异峰是一些极为敏感的地区。它们所需要的是请你不要把那里弄得杂乱无章。猜想一下，你将要发现的

世界垃圾之巅在哪里？在珠穆朗玛峰，一些粗心的登山者已在那里丢弃了60多吨垃圾。这些垃圾足以填满600个垃圾箱。它对山峰和那里的野生动物造成了致命的影响。下面就是一些你可能发现的不良现象：

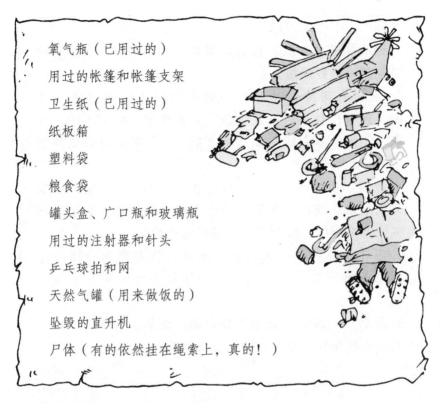

氧气瓶（已用过的）

用过的帐篷和帐篷支架

卫生纸（已用过的）

纸板箱

塑料袋

粮食袋

罐头盒、广口瓶和玻璃瓶

用过的注射器和针头

乒乓球拍和网

天然气罐（用来做饭的）

坠毁的直升机

尸体（有的依然挂在绳索上，真的！）

山峰的保护

山区肯定处在一种一团糟的状态，但事情并不是无可救药。人们正在开展清理山区的运动。为什么你不行动起来，成为其中的一分子呢？如果你已身置山中，就尽自己的一点微薄之力去保持山峰的清洁原貌吧。你不知道从何下手？噢，下一页就是几个简单的规则：

1. 如果你正在生火，那就尽可能地少用木材。之后，将火全部、彻底地熄灭。

2. 把所有可能移动的东西都掩埋起来（比如纸，是的，还有尸体）。把其余的东西收集起来并带下山。现在，如果你不在珠穆朗玛峰上扔东西，那里就会变得更美好。

3. 保持山里的河流干净。这么做了以后，它们就可以成为饮用水。所以，不要在河里刷洗你的餐具，更不要把河流当成厕所。脏水可以传播致命的疾病。

4. 不要采摘花草或者挖树。不要打扰那里的动物。即使你不去添乱，山里的野生动物们的生活状态已够糟的了。

5. 最后……2002年是官方确定的"国际山野年"。为什么不去拥抱大山呢？走吧，没人盯着你……

山的未来

　　这些奇山异峰的未来会是什么样的？没有人真的知道。但有一点是肯定的：山将继续生长或萎缩。虽然并不明显但却年年发生，而且没有人能阻止这种进程。随着地球板块的继续移动，我们所知道的许多山峰将会渐渐消亡。这听上去似乎挺奇怪的，但它也不会在一夜间就发生。如你所知，山的形成经过了数百万、数千万年（这在地质时间表上是瞬间的事，但在你的生命历程中却长得无法想象）。同时，全新的山脉也在诞生。而且，专家们推测，这些新生的山峰甚至可以长得比珠穆朗玛峰还要高。如果现在就发生，那是多么吓人啊！

"经典科学" 系列（26册）

肚子里的恶心事儿
丑陋的虫子
显微镜下的怪物
动物惊奇
植物的咒语
臭屁的大脑
神奇的肢体碎片
身体使用手册
杀人疾病全记录
进化之谜
时间揭秘
触电惊魂
力的惊险故事
声音的魔力
神秘莫测的光
能量怪物
化学也疯狂
受苦受难的科学家
改变世界的科学实验
魔鬼头脑训练营
"末日"来临
鏖战飞行
目瞪口呆话发明
动物的狩猎绝招
恐怖的实验
致命毒药

"经典数学" 系列（12册）

要命的数学
特别要命的数学
绝望的分数
你真的会＋－×÷吗
数字——破解万物的钥匙
逃不出的怪圈——圆和其他图形
寻找你的幸运星——概率的秘密
测来测去——长度、面积和体积
数学头脑训练营
玩转几何
代数任我行
超级公式

"科学新知" 系列（17册）

破案术大全
墓室里的秘密
密码全攻略
外星人的疯狂旅行
魔术全揭秘
超级建筑
超能电脑
电影特技魔法秀
街上流行机器人
美妙的电影
我为音乐狂
巧克力秘闻
神奇的互联网
太空旅行记
消逝的恐龙
艺术家的魔法秀
不为人知的奥运故事

"自然探秘" 系列（12册）

惊险南北极
地震了！快跑！
发威的火山
愤怒的河流
绝顶探险
杀人风暴
死亡沙漠
无情的海洋
雨林深处
勇敢者大冒险
鬼怪之湖
荒野之岛

"体验课堂" 系列（4册）

体验丛林
体验沙漠
体验鲨鱼
体验宇宙

"中国特辑" 系列（1册）

谁来拯救地球